国家自然科学基金面上项目(52174130)资助
地球深部探测与矿产资源勘查国家科技重大专项(2024ZD1004203)资助

近距离高承压水上煤层膏体充填综采底板突水防治机理及应用研究

赵庆民　常庆粮　施现院
张国川　韩泰然　著

中国矿业大学出版社
·徐州·

内容提要

本书以受高承压水威胁的煤炭资源安全开采为研究对象，采用理论分析、数值模拟和现场实测相结合的方法，系统研究了膏体充填采煤的底板稳定性及突水防控机制，并进行了示范验证。全书内容包括：绪论，工程背景，承压水上充填采煤底板破坏与作用机理分析，充填开采底板隔水关键层的结构与渗流稳定性力学分析，近距离高承压水上充填采煤底板安全性分析，近距离高承压水上充填采煤底板破坏数值模拟分析，现场工程试验，研究结论及展望。

本书内容进一步丰富了承压水上安全开采技术体系，为矿井水防治提供了理论参考和实践指导，可作为采矿工程及相关专业研究人员、生产技术人员和管理人员的参考用书。

图书在版编目(CIP)数据

近距离高承压水上煤层膏体充填综采底板突水防治机理及应用研究 / 赵庆民等著. — 徐州 ：中国矿业大学出版社，2025. 6. — ISBN 978-7-5646-6863-1

Ⅰ. TD742

中国国家版本馆 CIP 数据核字第 2025KU0168 号

书　　名　近距离高承压水上煤层膏体充填综采底板突水防治机理及应用研究
著　　者　赵庆民　常庆粮　施现院　张国川　韩泰然
责任编辑　马晓彦
出版发行　中国矿业大学出版社有限责任公司
（江苏省徐州市解放南路　邮编 221008）
营销热线　(0516)83885370　83884103
出版服务　(0516)83995789　83884920
网　　址　http://www.cumtp.com　**E-mail**:cumtpvip@cumtp.com
印　　刷　江苏凤凰数码印务有限公司
开　　本　787 mm×1092 mm　1/16　**印张** 11.75　**字数** 224 千字
版次印次　2025 年 6 月第 1 版　2025 年 6 月第 1 次印刷
定　　价　52.00 元

前　言

随着煤炭资源的开发不断走向深部，煤层与奥陶系灰岩组承压含水层之间的距离逐渐减小，使得煤层底板突水事故频发。为了资源化地利用固体废物，更好地保护煤矿的生态环境，进而改善矿山安全生产条件，现在国内普遍采用膏体充填开采方式。这是由于开采形成的充填体可以很好地支撑上部覆岩，形成一套完整的支撑体系。这套体系不仅可以在不搬迁采煤的前提下提高资源采出率，而且还可以控制开采时的地表沉陷。对于承压水上采煤，这套体系能够很好地保护地下水资源不被破坏。本书从理论和示范两个方面，着重研究承压水上煤炭资源安全开采的相关核心问题。

本书研究了近距离高承压含水层上充填采煤底板应力分布与传播规律，分析了膏体充填体参与作用下的底板岩体破坏特征，在等价采高理论和等效巷道理论的基础上，将膏体充填工作面的底板破坏深度进行了实例计算；探究了充填体与工作面底板复合隔水关键层相互作用关系，构建了近距离高承压水上煤层膏体充填综采底板隔水关键层的结构力学与渗流动力学模型，分析了底板隔水关键层力学特征，给出了煤层底板突水的力学判据，基于充填体、渗流-应力耦合作用，得到了隔水关键层发生非线性渗流失稳的判据，结合典型矿区工程案例，研究了充实率与底板隔水关键层结构稳定性及渗流系统稳定性的定量关系。

本书还构建了近距离高承压水上煤层膏体充填综采底板隔水关键层梁式力学模型，确定了充填工艺参数和底板隔水关键层安全厚度检验公式，给出了膏体充填工作面底板安全系数评价公式，提出了膏体充填工作面底板隔水关键层安全评价方法及评价流程；建立了近距离高承压水上煤层膏体充填综采 FLAC3D 数值计算模型，研究了充填步距、充填体强度及充填率对煤层开采过程中应力转移、塑性破坏的影响及承压水上底板破坏特征。结合岱庄煤矿11607工作面现场地质条件，对膏体充填材料配比、充填系统工艺及充填系统能力进行设计。采用底板钻孔分段注水法，实测了充填工作面底板破坏深度为3～5 m，实现了近距离高承压水上煤层的安全开采。

本书逻辑严谨、内容全面、图文并茂，是作者近年来在膏体充填岩层控制领域研究的成果总结，可供采矿、土木、工程力学等学科的广大科技工作者及相关专业的高校教师和高年级本科生、研究生参考使用。

本书撰写过程中，侯朝炯教授给予特别指导，在此特别感谢。此外，中国矿业大学周华强教授等对本书的写作给予了许多有益的启示和热情的帮助；煤炭精细勘探与智能开发全国重点实验室张少华和赵海云高级工程师在物理试验中给予了指导和帮助；山东能源集团原总工程师孙希奎研究员、山东能源集团技术研究总院院长范建国研究员等在工程示范实施过程中给予了多方面的帮助和指导；张彪博士、姚兴杰、葛士国、秦建壮等硕士在书稿校核过程中给予了热情帮助，在此表示诚挚谢意。

在现场调研及工程实践中，山东原淄博矿业集团有限责任公司所辖充填矿井岱庄煤矿领导给予了大力协助，徐州中矿大贝克福尔科技股份有限公司技术人员朱友荣、胡兴斌、李亮、胡永锋、宋光远、刘长安、甘建东、安虎、胡艳锋等给予了指导、支持和帮助，在此一并表示感谢。

对本书中所引用参考文献的作者表示衷心感谢！

由于作者水平有限，书中有不尽完善之处，敬请读者批评指正。

作　者

2025年4月

目　录

1 绪 论

1.1 研究背景及意义

根据国家统计局关于《中华人民共和国2022年国民经济和社会发展统计公报》，2022年我国全年能源消费总量为54.1亿t标准煤，比上年增长了2.9%。煤炭消费量增长4.3%，原油消费量下降3.1%，天然气消费量下降1.2%，电力消费量增长3.6%。煤炭消费量占能源消费总量的56.2%，比上年上升了0.3个百分点；天然气、水电、核电、风电、太阳能发电等清洁能源消费量占能源消费总量的25.9%，上升了0.4个百分点。

虽然，近年来清洁能源迅速崛起，其中包括天然气、水电、风电、核电以及太阳能发电等，使得煤炭在我国一次能源结构中的占比有所下降，但其消费量仍然占能源消费总量的56.0%以上，作为国民经济基础的煤炭工业对于社会经济的发展和人民生活水平的提高极为重要。据此，为了实现我国经济的开持续发展，能源的清洁和合理开采势在必行。随着我国埋深较浅的煤层开采殆尽，国内多数煤矿被迫进入深部采煤，目前许多煤矿的采深已经超过千米。伴随着采深的增加，冲击矿压与底板突水等矿井灾害也大量增加，严重威胁煤矿的安全高效开采。煤层间隔奥陶系灰岩距离小，在开采过程中会破坏下伏煤岩隔水层，从而引发底板突水，因此间隔奥陶系灰岩距离小是造成工作面底板含水层发生突水的主要原因。目前在我国某些地层中含水岩层的影响范围非常广泛，使得煤矿下伏煤岩层容易遇到突水问题，这对于安全高效开采煤炭资源存在严重威胁。随着煤矿采深的增加，以及复杂的矿井地质水文条件、煤层下伏石炭系和寒武系中含水层水压的增加和煤层下伏含水层厚度的降低，更容易发生冲击矿压、地热、煤与瓦斯突出、底板突水等矿井灾害。据统计，华北地区近80%的煤炭储量受突出灾害威胁，因此，必须研究下伏煤岩层的破坏深度和破坏规律，为在承压水上采煤提供理论依据。国内外学者将开采煤层与承压水之间垂距小于30 m，煤层开采时受承压含水层显著影响的开采行为，称为近距离承压水上采煤；含水层带压最大值超过3 MPa时，属于高承压水含水层。

岱庄煤矿属于典型的建(构)筑物下采煤的煤矿,村庄下压煤量中可采储量约为 7 900 万 t,占比超过 80%,因此面临着建筑物下采煤的难题。同时岱庄煤矿煤层含有大量承压水,因此开采时还面临底板含水层突水的威胁。根据岱庄煤矿现场水文钻孔钻探结果可知:目前开采的 16# 煤层底板距离下方十三灰含水层上表面的垂距为 23.6～28.4 m,属于近距离承压水上采煤;各钻孔探测含水层的水量基本未超过 25 m^3/h,各钻孔探明十三灰含水层的水压为 3.9～4.4 MPa,属于高承压含水层,突水系数为 0.32～0.48 MPa/m。通过研究确定采用膏体充填采空区的绿色采矿技术,该技术不仅可以控制地表的下沉变形,也可以控制煤层下伏煤岩层破坏的深度,而且能够提高资源的采出率,是一举多得的技术措施。膏体充填开采技术的浆体材料主要来自就地取材,包括矿山煤矸石、炉渣、粉煤灰、河砂、劣质土等。为了资源化地利用固体废物,更好地保护煤矿的生态环境,进而改善矿山安全生产条件,现在国内应用较为普遍的开采方式为膏体充填开采,这是由于开采形成的充填体可以很好地支撑上部覆岩,形成一套完整的支撑体系。这套体系不仅可以在不搬迁采煤的前提下提高资源采出率,而且还可以控制开采时的地表沉陷。对于承压水上采煤,这套体系能够很好地保护地下水资源不被破坏。

1.2 国内外研究现状

1.2.1 承压水上采煤研究现状

波兰、匈牙利、西班牙等国的煤层赋存条件中底板岩溶水较多,这些国家对于岩溶水上采煤下伏煤岩破坏深度的研究较早。而美国、加拿大、澳大利亚等国,虽然煤炭产量较大,但由于其煤炭赋存特点而基本没有底板突水问题,所以这些国家对于这方面的研究较少。鲍莱茨基等为了研究分析工作面开采后下伏煤层的破坏特征,提出了工作面下伏煤岩层底鼓变形、开裂和底板大块岩层挤压隆起变形等理论。

20 世纪初,国外对于煤层底板突水理论开始进行研究。1944 年,国外学者弗伦斯根据该研究理论,提出隔水层的厚度和含水层的水压是工作面底板突水的主要影响因素。20 世纪 40 年代,苏联学者斯列萨列夫提出工作面下伏煤岩层梁式模型理论,该模型把底板看作受载均布且两端固定的梁,再结合静力学理论研究分析了工作面下伏含水层水压对煤层底板的破坏作用过程,进而推导出了底板含水层水压值的计算公式。该公式计算过于简单,局限性较大,仅仅适用于小巷道的开采工作面。20 世纪 60 年代,我国学者开始借鉴苏联、匈牙利等国的开采实践经验和理论，结合保护层开采理论，也开始对承压水上采煤下伏煤岩层突水的相关课题进行研究，并给出了底板突水系数的定义。20 世纪 80 年代，我国开始大量开采煤炭资源，采煤深度也逐渐增加。为了在承压水上安全采煤，我国许多学者开始对其展开研究，然后根据我国实际情况，结合煤层的赋存条件和开采实际条件，总结出了一套适合我国煤层开采底板突水的防治理论体系。根据岩石力学相关理论知识，国外学者 Santos 和 Bieniawski 通过对霍克-布朗（Hoek-Brown）岩体强度准则的改进研究，定义了释放能临界点，对工作面下伏煤岩层的破坏机理和承载能力进行了研究分析。

1996 年，钱鸣高院士在对工作面采煤前后下伏煤岩层结构演变的研究基础上，创造性地提出了关键层理论，该理论认为，工作面下伏煤岩层中隔水层的承载能力取决于关键层。通过结合岩石力学的相关理论，张金才等提出了底板“两带”理论，并结合塑性滑移线场理论和弹性理论，分析了下伏煤岩层采动裂隙的分布规律和扩展深度，并推导了下伏煤岩层导水裂隙带的理论计算式。刘天泉通过总结底板裂隙发育及分布规律，提出了底板“下三带”理论。

冯启言等通过 ADINA 软件进行数值模拟，研究了薄煤层开采后工作面下伏煤岩的破坏深度及其规律，当采煤工作面经过正断层区域时，得到了下伏含水层突水最危险的位置，即工作面经过断层带和顶板初次来压的地段，在工作面无断层地质构造影响下，下伏煤岩层呈现“马鞍形”的破坏形状，底板破坏深度峰值（11 m）出现在顶板初次来压时；当工作面受断层地质构造影响时，底板在初次来压时将发生拉裂破坏，其破坏深度达 16 m，相较于无断层影响时增大了 45%。史先志研究了煤层开采深度较大、底板含有高承压水条件下煤层开采过程中底板变形破坏及太原组灰岩裂隙型高承压含水层的突水机理，揭示了大埋深（埋深为 696～765 m）、高承压水（含水层水头压力值约为 4.3 MPa）条件下二煤层开采过程中底板破坏的演化特征，并基于该演化特征构建了裂隙型太原组灰岩含水层的突水模型，得出了大埋深、高地应力、高承压含水层水压共同作用下，煤层底板在采动影响下裂隙逐渐向深部扩展和高承压含水层导升裂隙逐渐向上扩展直至上下相互贯通进而导致突水的结论，并提出了底板有效隔水层厚度表达式。彭祥超基于工作面底板岩体在煤层采动应力和底板含水层水压的共同作用下，系统分析了承压水上急倾斜煤层开采诱发工作面底板岩层破坏和突水的特征，从沿煤层走向和倾向两方面出发，分析底板破坏与突水受煤层角度、工作面倾斜长度及走向推进距离的关系；基于承压水上急倾斜煤层开采特点，构建了承压水上急倾斜煤层开采的流固耦合三维数值模拟力学模型，分析了煤层底板垂直应力、底板位移、塑性区等特征。徐智敏等基于义煤集团新义矿业有限公司高承压水上采煤的典型工程案例，采用数值模拟与现场实测相结合的方式，分析了采动影响下底板突水通道的演化规律，提出将其作为预报监测矿井临界突水的重要信息源；构建了底板流固耦合模型，并将数值模拟结果和新义煤矿现场实测结果进行比对分析。

通过归纳总结现有研究成果可发现，其研究普遍基于距离承压含水层较远、高承压含水层条件下的煤炭资源开采，虽然构建了诸多可以对底板应力分布和破坏深度进行理论分析的力学模型，且所总结的底板应力分布和破坏特征在基于莫尔-库仑准则下均可合理解释和描述其规律，但对于煤矿在“三下一上”特殊条件下的采煤工程，现场实际情况往往非常特殊且复杂，尤其在近距离、高承压含水层复杂条件下采煤极易造成底板岩层的破坏，底板岩层被破坏后，其隔水层的功能将会失效，从而使底板突水风险增大。据此，基于近距离、高承压含水层复杂开采条件下煤炭资源的绿色、安全、高效开采仍然是亟须进行深入研究的重大课题。

1.2.2 充填开采研究现状

充填开采技术属于绿色采矿技术的重要组成部分，该技术不仅可以控制地表的下沉变形，也可以控制煤层下伏煤岩层破坏的深度，而且能够提高资源的采出率，是一举多得的技术措施。根据充填开采的技术和工艺，将充填开采的发展划分为四个阶段。

(1) 20 世纪 40 年代前(干式废石充填阶段)。该阶段利用矿山废弃煤矸石充填采空区，对于充填物的使用效果和性质未进行深入的研究，充填的最初目的仅仅是对矿山废弃煤矸石进行处理。20 世纪初期，干式废石充填技术就已经在澳大利亚和加拿大的一些矿井被采用。20 世纪 50 年代前，我国的煤矿企业开始引入干式废石充填技术，到 50 年代初，我国的煤矿企业已大量采用该充填开采方法。根据 1955 年国内统计，黑色金属矿井开采中采用干式废石充填法的占 54.8%，有色金属矿井开采中采用干式废石充填法的约占 38.2%，在总矿石产量中使用干式废石充填法的矿石产量占比达到 1/3 以上。但干式废石充填法也有一些缺点，比如具有较大的劳动强度、效率低等，因此在 20 世纪 50 年代后，崩落采矿法的兴起使得该充填技术逐渐被淘汰。

(2) 20 世纪 40—50 年代(水砂充填阶段)。水砂充填技术主要利用水的力量将尾砂输送至采空区待充填区域，最先在加拿大和澳大利亚某些矿山提出并实践。该技术中采用的充填料浓度相对较低，所以充填料需要在井下工作面进行大量的脱水处理，去除充填料尾砂中的细泥。为了达到水砂充填开采脱水的工业标准，渗透速度在脱水过程中要超过 100 mm/h。水砂充填技术在我国相对长的一段时间内被广泛采用，该技术主要可用于地表建筑物的保护，也可用于控制地表的下沉变形。水砂充填技术到70年代以后逐渐被淘汰,目前我国矿井基本已经完全淘汰了该技术。

(3) 20世纪60—70年代(尾砂胶结充填阶段)。20世纪60年代,澳大利亚一些矿井开始使用尾砂胶结充填技术,通过该技术对矿柱进行回采,充填料中添加的水泥占比12%。胶结充填在我国最先出现时以混凝土充填为主。混凝土充填技术对于充填料的配比要求较高,而且充填料的输送工艺很复杂,因此逐渐被取代。

(4) 20世纪80—90年代(全尾砂胶结充填阶段)。此阶段充填技术的代表为全尾砂胶结充填,具体又可分为高水充填、膏体充填。由于全尾砂胶结充填技术井下脱水困难且充填强度难以得到保证,而且随着我国对于矿山环境保护的要求不断提高,该技术逐渐被矿山企业所淘汰,基于这样的背景国内研究者提出膏体充填并进行了现场应用。20世纪80年代初,膏体充填在德国铅锌矿井首次应用。与煤矿企业不同的是,金属矿山企业推广应用膏体充填技术的主要目的是提高出矿品位和矿石采出率,而非针对地表沉陷治理的问题。20世纪90年代初,我国逐步开始进行膏体充填的现场试验。膏体充填技术具有自己特有的优势,膏体材料只需少量的拌和水,充填体的强度即可得到较好的保证,而且在同等充填体强度条件下,可大大减少胶结材料的需求量,降低价格较高的胶结材料的费用;另外,膏体材料的收缩率小,因此它基本是极轻微泌水甚至不泌水的。因此,膏体充填技术相对于传统水砂充填技术应用的效果更好,膏体充填采空区能有效避免采煤时搬迁村庄。膏体充填技术充填采空区具有较高的密实度,充填效率更高,对于控制地表下沉变形的效果明显;充填系统简单,去掉了复杂的排水过滤系统,后期维护工程量少;充填料为矿山固体废弃物,有利于实现矿山采煤的安全环保、高产高效;而且工作面不用滤排充填水,更有利于实现煤矿企业采煤的机械化。

周华强教授带领的课题研究团队首次在山东鲁泰控股集团有限公司太平煤矿开展厚煤层分层充填开采技术工业性试验,并取得较好的应用效果。孙希奎针对我国东部煤矿“三下一上”开采压煤资源的难题,以典型矿井为工程背景,分析了膏体充填的原理、工艺及现场实践效果;通过“三下一上”膏体充填技术采煤的现场实践,工作面下伏煤岩层破坏深度控制在6.0～6.5 m范围,消除了工作面下伏承压灰岩含水层的威胁,保护范围内的地面建筑物变形量基本控制在Ⅰ级损坏标准以内。常庆粮等针对承压水上安全高效采煤的难题,以焦作煤业(集团)有限责任公司朱村煤矿为例分析了膏体充填工作面下伏煤岩层应力分布及破坏特征,揭示了在膏体充填开采控制下的下伏煤岩层被破坏的力学理论基础,给出了突水校核判据和底板破坏深度关系式,并对其进行了理论预测。通过现场研究得出：工作面底板破坏深度与采高呈正比例增长关系，直到采高上升至某一高度后，底板破坏深度不再增长而开始趋于一稳定值。开采时若采用传统垮落法，底板破坏深度一般在 12 m 左右，突水系数为 0.19～0.56；开采时若采用膏体充填开采方法，则底板破坏深度将下降至 2 m 左右，突水系数下降至 0.08～0.20，底板破坏控制效果显著。韩兴华针对膏体充填开采如何提高充填材料的接顶率和降低充填体的压缩量的问题，通过对比分析膨胀性膏体充填开采方法和传统垮落法控制地表沉陷和覆岩移动变形的效果，得出膏体充填材料表现出先增强再逐渐减弱的特征，当水泥与膨润土质量之比为 5∶2 时，地表下沉量、水平变形量及倾斜量均最低，此时膨胀性膏体充填体控制底板下沉和覆岩移动的效果最佳。

通过对国内外学者的理论和实践分析可以发现，目前充填开采研究所取得的理论和实践成果几乎涉及了该课题研究的各个方向，为充填开采的理论和实践提供了可靠的指导。但尚存在一些问题，如本书针对的在近距离、高承压含水层上进行煤矿安全高效开采的难题，仍需要进一步对膏体充填开采后底板应力分布及破坏特征进行研究。

1.2.3　模拟试验研究现状

1.2.3.1　数值模拟

研究分析在工作面矿山压力和底板含水层的水压作用下，以及不同充填工艺参数条件下，膏体充填工作面下伏煤岩层的破坏深度、围岩变形、应力场和塑性区分布等规律，特别是下伏隔水层的变形破坏和应力场变化规律，是一项复杂而亟须解决的现场工程问题。数值模拟能快捷而准确地解决以上问题，是一种经济成本低、模拟结果具有现实理论指导意义的现代工程问题研究手段。

张文泉等为分析地质条件、覆岩含水层和离层水突涌之间的相互关联，以陕西某煤矿首采区 1307 工作面为例，利用三维离散单元法程序(3DEC)数值模拟工作面覆岩离层裂隙演化特征，根据数值模拟结果并结合现场实际条件，提出应用部分充填开采技术来防治顶板离层突水，然后再对该充填技术方案应用数值模拟方法进行优化设计。张文泉等为了分析在不同的开采情况下，工作面不同进尺、断层角度、上下盘落差的影响，应用 FLAC3D 软件进行了数值模拟，获得了在不同因素影响下断层面的应力分布和位移状况，根据断层面的应力比敏感性指标来判断断层的滑移失稳，通过分析比较得出各因素对断层活化机制的影响。宋文成等针对山西阳煤集团碾沟煤业有限公司工作面开采过程中底板奥灰岩含水层存在突水危险的问题，通过数值模拟得出，受采动影响底板孔隙水发生递进导升，孔隙水将从工作面端部斜下方涌入进而发生突水，并据此提出对工作面采取注浆加固底板的措施。于帅等针对兖矿能源杨村煤矿试验工作面底板存在突水危险的问题，选择真实破裂过程分析(RFPA)软件模拟分析了 $16_{上}$ 煤层开采时下伏煤岩层底板节理和裂隙的扩展发育贯通演化的规律，并在模拟研究的基础上，利用突水系数法对工作面开采过程中底板的突水危险性进行了合理的评价，并将底板区域划分为两个等级，一个为较危险区域，另一个为危险区域。付世虎等为分析预制底板在施工动载影响下的应力分布和变形特征，利用 ABAQUS 有限元分析软件进行现场试验模拟，通过数值模拟与现场试验，研究了在动载条件下的应力分布和变形量，得出跨中挠度的影响因素。李巍等通过 UDCE 离散元模拟软件对开采保护层中低透气性、高瓦斯煤层的卸压问题进行模拟，研究分析了上保护层开采对底板岩层造成的损伤，以及被保护层瓦斯运移与底板损伤之间的相互关联。

目前模拟试验在岩土工程学术研究中得到国内外学者的广泛使用，模拟计算中各种模拟软件种类繁多，主要分为确定性分析和非确定性分析两类。其中，确定性分析又分为两类：① 连续介质法，主要包括通用有限单元法、有限差分法等；② 非连续介质法，主要包括离散元法、颗粒离散元法等。其中，数值模拟软件中以离散元法为原理的有 UDEC、3DEC 等软件，以颗粒离散元法为原理的有 PFC 软件，以有限差分法为原理的有 FLAC2D、FLAC3D 等软件，以通用有限单元法为原理的有 ABAQUS、ANSYS 等软件。学者们可以根据自己要研究分析的对象和研究目的，选择相应的数值模拟软件在工程实践中进行辅助研究。

1.2.3.2　相似材料模拟

相似材料模拟是一种用于矿山压力与岩层控制研究的重要试验方法。该方法通过制作与现场煤岩体具有相似物理力学性质的人工材料，将现场的原型进行几何比例的缩小，从而实现在较小的实验室将该人工材料制作成物理力学性质相似的模型，然后根据现场巷道或工作面实际的开采方式在模型中进行模拟采掘试验，通过对采掘相似模型中煤岩层的应力分布和位移变形情况进行观测，来分析和推测原型在现场开采时有可能发生的状况。通过相似模型对现场情况进行还原是相似材料模拟试验的关键，找出现场原型的主要问题和矛盾，进而对现场原型和相似模型的相似准则和关系进行确定。相似材料模拟作为模拟分析岩层变形和移动的一种方法，具有自己特有的优势。它相较于现场工业性试验，研究成本低、操作简便、周期短、效率高、可以进行重复试验；相较于数值模拟，具有更直观、方便观测且可控程度高等优势。因此数值模拟和相似材料模拟都具有自己特有的优势，已成为岩层变形和移动研究的一种有效且重要的方法。

相似材料模拟岩层移动是1936年由苏联学者库兹涅佐夫最先提出和应用的，该研究手段在苏联发展迅速。随后日本学者Nishida、波兰学者Kitwiniszyn，以及捷克和美国许多学者都应用并优化了该模拟研究手段。到20世纪70年代，苏联学者为了研究分析煤层开采后下伏煤岩层移动和变形的演化过程，利用三维相似材料模型进行模拟试验研究；到20世纪80年代，赵继忠等为了对焦作煤业(集团)赵固二矿承压含水层上采煤下伏岩层裂隙的演化过程进行研究，自行研制了一种实验台，该实验台长度为4 200 mm、宽度为180 mm、高度为2 400 mm，且该实验台还可以进行加载底板承压含水层水压的相似材料模拟。该实验台的组成包括：底部液压分离式加载系统、称重传感器、转化板、弹簧组、加载系统、应变计、数据采集和处理系统、模型框架及电源。相似模型材料采用细砂、石灰、石膏制作，在对模型中承压含水层加载应力模拟含水层水压增大时，通过超声波检测仪观测工作面底板不同层位岩层的变形破坏情况。贾林刚采用相似材料模拟对充填开采后上覆岩层变形和应力特征进行了分析，相似模拟材料由骨料和胶结料组成，根据现场实际充填方案，制作的充填体模块宽度为5 cm，厚度分别为0.7 cm、1.0 cm、1.8 cm，模拟现场开采10 m、充填5 m，模型左右分别留设30 cm的边界煤柱，采用相似材料模拟试验分析了充填率与工作面顶板应力分布和破坏规律之间的相互联系。李海龙等为了对采动影响下工作面底板岩层裂隙的演化过程进行研究，选用砂子、石膏、碳酸钙和煤粉组成的相似材料制作相似模型，模型尺寸(长×宽×高)为140 cm×12 cm×130 cm，为防止相似模型垮塌，在模型正面和背面局部采用钢板、角钢及有机玻璃板进行封闭。黄浩等为了对呼吉尔特矿区侏罗系深埋煤层顶板水害危险区内煤矿安全进行研究分析，以内蒙古黄陶勒盖煤炭有限公司巴彦高勒煤矿为例，对矿井首采工作面覆岩导水裂隙带高度进行相似模拟分析，选用河砂、碳酸钙、石膏等相似材料，分层间用1～2 mm厚的云母粉，通过相似模拟得出首采工作面覆岩导水裂隙带高度达122 m，根据工作面割煤高度5.3 m计算，则裂采比约为23。贺爱萍等为了对保护层开采时下伏煤岩层应力和裂隙演化与卸压效果间的关系进行研究，基于相似材料模拟试验理论，设计了测试保护层开采时下伏煤岩层渗透性的可伸缩箱式系统，该系统主要包括进气系统、集气系统和渗透性测试系统三部分。根据山西长平煤业有限责任公司现场实际，进行保护层开采渗透性相似模拟试验研究，选用石灰、石英砂、石膏组成相似材料，层与层之间铺设云母粉，模拟原型上边界埋深约300 m，根据强度相似关系，在相似模型上边界表面施加垂直应力0.045 MPa。

1.2.4 底板破坏监测研究现状

为研究煤层开采后工作面底板的安全和稳定状态，需要对工作面下伏煤岩的应力场分布、位移变形以及采动破坏的深度等进行探测。从 20 世纪 70 年代开始，我国学者就开始对煤层开采后工作面底板的安全和稳定状态的监测方法进行研究和现场探测应用。经过国内学者五十多年的研究和创新，截至目前，我国对于煤层开采后工作面底板的安全和稳定状态的监测方法主要分为钻探和物探两类。目前应用较多的底板破坏监测方法有如下几种。

(1) 钻孔注水法

钻孔注水法通过在开采煤层工作面的下伏煤岩体中施工注水钻孔，再将注水探头放置在注水钻孔内，再分段注水，通过对比测试钻孔在煤层开采前后注水量的变化，进而得出煤层开采后下伏煤岩层的裂隙发育和贯通程度。注水试验的注水量与煤岩层裂隙发育方向和贯通程度有直接关联，试验注入的水越多，反映下伏煤岩层裂隙越发育，即下伏岩层破坏深度越大；相反，试验注入的水越少，反映下伏煤岩层裂隙越不发育，即下伏煤岩层破坏深度越小。其中分段注水法为了降低成本，可以将注水测试钻孔进行一孔多用，即在一个注水测试钻孔内可以进行多个分段注水测试，而且注水测试的仪器和设备便携、搬运方便、测试效率高。

(2) 超声波探测法

超声波探测法的原理为，超声波能敏感反映煤岩体内部风化程度、结构面特征、应力状态以及岩性等特性，通过监测超声波在媒介中的传播波形和波速变化，进而分析得出煤岩体内部结构特征。该测试方法的优点是受外界干扰程度小。超声波在煤岩体介质中传播时，波速与煤岩体内部风化程度、结构面特征、应力状态以及岩性等特性相关联。例如：当煤岩体内部的应力很低时，超声波在煤岩体介质中传播的速度就低；反之，则传播的速度高。通过现场收集探测的数据，绘制超声波在煤岩体介质中传播的时间孔深或速度变化曲线，从而对煤层下伏煤岩体的破坏情况进行判别分析。目前，我国使用超声波对煤层下伏煤岩体的破坏进行探测的现场应用较为广泛，主要是因为超声波在煤岩体介质中传播距离很远，且传播方向性较强，传播的能量不易扩散，并且对于煤岩传播介质的状态信息反映的灵敏度较高。

(3) 震波探测法

震波探测法的原理为探测弹性波，首先通过激震产生波场，然后在需要探测的介质外部采集波场参量，再对需要探测介质的内部分布相关参数进行反演，最后得出不重叠且清晰的图。研究表明：煤岩体的抗压强度和震波传播的波速成正比，震波在煤岩体介质中传播的波速越低，则煤岩体内部存在越多节理裂隙，完整性越差，煤岩体的强度也越小；反之，若传播的波速越高，则煤岩体内部存在越少节理裂隙，完整性越好，煤岩体的强度也就越大。震波探测法具有探测结果直观的优点，但是需要施工井下钻孔，采集数据比较费时，并且对于检波器的精度要求也比较高。段建华等为了研究分析国家能源集团神东保德煤矿 81307 工作面开采后下伏煤岩层的破坏深度，采用高精度井-孔联合微震探测的方法，并根据现场工作面布置方式和地质条件，对下伏煤岩层的破坏深度进行了现场探测，提出下伏煤岩层受采动影响的破坏深度与承压水上采煤底板水害防治的关联。现场微震探测时采用锤击法产生波场，标定了定位参数，并对定位的精度进行了验证。

(4) 地质雷达法

地质雷达法的原理是电磁波通过煤岩体介质时，煤岩体对电磁波产生不同程度的吸收，通过感知完整的煤岩体和被破坏的煤岩体的分界面，进而对下伏煤岩层的破坏深度进行感知探测。完整的煤岩体吸收的电磁波较少，且通过煤岩体介质的波速较大；被破坏的煤岩体吸收的电磁波较多，且通过煤岩体介质的波速较小。因此，完整的煤岩体与被破坏的煤岩体间将会形成明显的分界面。地质雷达法的优点在于其施工比较简单、成本较低、探测方便省时，而且探测的结果比较直观。但是因为趋附效应使得该方法探测下伏煤岩层的深度不大，而且煤矿井下存在采煤机、支架和刮板输送机等金属仪器较多，对下伏煤岩层破坏深度探测结果的影响较大。

(5) 电阻率法

电阻率法作为一种矿井物探法，在探测矿井突水点区域、断层带、煤层冲刷带、岩溶分布和围岩稳定性等方面的水文地质问题上，具有效率高、成本低等优势，尤其是在探测矿井水文地质方面与水相关的问题，具有明显的经济优势且准确度更高。当煤层开采后受采动影响下伏煤岩层的破坏深度不大时，可以考虑采用浅部电性异常体探测法。但因为电阻率法需要现场实时观测的数据量太大，使得平常的电法设备仪器无法满足要求，所以在煤层开采实际中很少选择采用电阻率法进行矿井物探。李少华为了研究煤层开采后下伏煤岩层的破坏深度，使用网络并行电法仪进行现场观测，采集和分析数据，通过绘制视电阻率、电流以及视电阻率变化率三个参数的断面图，综合分析出下伏煤岩层的破坏深度。

通过对目前国内常用的几种底板破坏监测方法进行对比分析，其中煤层底板破坏深度的现场实测方法主要分为钻探和物探两类。

钻探方法主要包括钻孔成像法和钻孔注水法。钻探法作为一种传统的探测方法，其优点主要在于其探测的结果能够直观反映目标地质体的物理力学性质，探测结果直观、可靠，探测设备简单，操作方便。该类方法的缺点也比较明显，一方面，钻探揭示的地质体情况为孤立的测点，测点与测点之间的地质体情况往往需要通过经验和地质规律来推断，进而导致钻探法存在一定的不准确位置，并且钻孔的过程费工耗时且成本较高，所以通过增加探孔数量以提升探测的准确度在经济方面通常难以实现；另一方面，通过钻探法分析地质体变形时需要对工程施工前后的测点进行对比分析，由于地质体变形分析相对工程施工过程存在滞后性，不能实现对变形的实时监测，而且对工程施工后的数据获取较困难，导致该方法工程量较大且监测范围受限。

物探法主要包括电磁法、电法和微震法，属于间接探测法，该方法不仅弥补了钻探法只能探测目标地质体孤立测点的局限性，还可以从宏观上对目标地质体的情况进行探测。物探法的优点主要表现在探测周期短、范围大、准确度高等方面，在各类工程中具有较强适应性且应用较为广泛，尤其在工程环境复杂、钻探施工困难的某些特定领域，该类方法具有自己独特的优势。该类方法的缺点主要表现在其作为一种间接探测方法，对于目标地质体存在的异常情况难以验证和核实，并且物探设备、现场操作和后期数据处理相较于钻探法均更为复杂。在对煤矿工作面底板破坏深度探测过程中，微震法具有实时、立体、可空间定位和远程监测分析等优点，能够对底板岩层的破裂点直接进行定位和跟踪监测，测量精度高的同时还可以在线实时监测底板导水通道的活化过程和动态破裂失稳过程，在物探的各种方法中应用相对较为广泛，而电法和电磁法却不能直接获取底板破坏深度。

1.3 研究内容与方法

本书以典型矿区近距离、高承压含水层上采煤为背景，重点研究采用膏体充填开采时底板破坏深度与充填机理、底板隔水关键层结构与渗流稳定性、底板安全性与控制技术，并从以下几个方面具体开展。

(1) 近距离高承压水上煤层底板注浆改造效果分析

岱庄煤矿 11607 工作面属于典型近距离高承压水上煤层，根据各钻孔分析可知含水层突水系数均大于 0.1 MPa/m。根据《煤矿防治水细则》规定，突水系数大于 0.1 MPa/m，须采用特殊开采方法或采用专门的防治水措施后方可开采，因此对 11607 工作面底板进行注浆改造。注浆改造后现场钻探结果表明，11607 工作面底板下方十三灰与奥灰含水层突水系数分别为 0.32～0.48 MPa/m、0.13 MPa/m。因此，在底板注浆改造的基础上，需要对底板破坏深度较小的近距离高承压水上煤层采取充填技术开采。

(2) 近距离高承压水上煤层膏体充填综采底板破坏特征与充填体作用机理

结合矿山压力、岩体力学和弹塑性理论对近距离高承压水上煤层底板应力分布与传播规律进行研究，对膏体充填体作用下的底板岩体破坏特征进行理论分析，并采用等价采高理论和等效巷道理论计算膏体充填工作面底板岩体破坏深度。

(3) 近距离高承压水上煤层膏体充填综采底板隔水关键层的结构与渗流稳定性力学分析

分析工作面底板复合隔水关键层与充填体相互作用关系，建立结构力学与渗流动力学模型；关于缓倾斜煤层充填开采底板隔水关键层，构造挠度函数，对缓倾斜煤层底板隔水关键层进行力学分析，给出缓倾斜煤层底板突水的力学判据；基于充填体、渗流-应力耦合作用，推导隔水关键层发生非线性渗流失稳的判据；结合典型矿区工程案例，研究分析充实率与底板隔水关键层结构稳定性及渗流系统稳定性的定量关系。

(4) 近距离高承压水上煤层膏体充填综采底板安全性分析

构建膏体充填工作面底板隔水关键层的梁式力学模型，建立相关计算关系式，并结合典型矿区工程案例进行求解；通过对膏体充填带压开采条件下底板隔水安全性影响因素、工作面充填体的强度需求、充填步距和底板安全厚度进行分析，提出膏体充填工作面底板安全性评价法，进而提出近距离高承压水上煤层底板安全性评价的流程。

(5) 近距离高承压水上煤层膏体充填综采底板破坏模拟研究

以岱庄煤矿 11607 工作面为现场案例，利用 FLAC3D 数值模拟软件，通过改变不同充填率、充填体 28 d 强度等充填工艺的参数，模拟分析充填工艺参数的改变与膏体充填工作面下伏煤岩层破坏深度之间的关系，以及工作面下伏煤岩体的围岩变形、应力场和塑性区分布等规律，其结果将作为工作面膏体充填工艺参数优化设计的关键参考依据。

(6) 近距离高承压水上煤层膏体充填综采工程设计及应用效果分析

以岱庄煤矿 11607 工作面为现场案例，对膏体充填材料配比、充填系统能力及充填工艺进行设计。通过在工作面布置钻孔，采用钻孔注水法实测充填工作面底板破坏深度，并对其应用效果进行分析。

2 工程背景

2.1 工程概况

2.1.1 采区概况

本书研究的区域为岱庄煤矿 1160 采区，该采区 16# 煤全区可采，煤层资源储量为 921.6 万 t。煤层直接顶为石灰岩，处在太原组的中下部，属稳定煤层，其下方 1.89～10.24 m 处为 17# 煤层。16# 煤层埋深为 445.9～660.2 m，底板标高为－620～－405 m，煤层厚度为 1.4～2.64 m，平均煤厚为 2.01 m。煤层直接顶厚度为 3.46～7.75 m，平均厚度为 5.03 m，抗压强度为 36.2～145.8 MPa，平均抗压强度为 91.6 MPa。该煤层含夹矸 2～4 层，大多地段是 2 层，结构较复杂。－580 m 水平开采 16#、17# 两个主采煤层。

2.1.2 地质条件

2.1.2.1 煤层顶底板

16# 煤层直接底的岩性为泥岩，平均厚度为 0.4 m，呈团块状，颜色为灰色，断口参差状，普氏系数 f 为 3.8～4.0；基本底的岩性为细砂岩，平均厚度为 0.5 m，充填方解石，有裂隙发育，夹杂泥质，灰褐色，普氏系数 f 为 6.0～7.8；直接顶的岩性为石灰岩，平均厚度为 5.3 m，层理为缓波状，有裂隙发育，局部夹杂泥质，灰褐色或灰色，普氏系数 f 为 14.0～15.9。煤层顶、底板稳定性分类见表 2-1。

表 2-1 煤层顶、底板稳定性分类表

名称	岩性	平均抗压强度/MPa	普氏系数 f	稳定性分类	裂隙
直接底	泥岩	62.7	3.8～4.0	较稳定	不发育
基本底	细砂岩	82.9	6.0～7.8	稳定	不发育
直接顶	石灰岩	91.6	14.0～15.9	稳定	很发育

2.1.2.2 地质构造

1160 采区的 11607 工作面处在李林背斜构造的南部，矿井范围长度约为 8 km。11607 工作面轨道巷、胶带巷及开切眼在掘进施工中共揭露断层构造 14 条(其中设计回采范围内 11 条)，落差为 0.5～10 m，另外相邻 11605 条带工作面揭露的 2 条断层距 11607 工作面较近，可能会对 11607 工作面开采产生影响。通过对 11607 工作面的实际资料进行分析可知：工作面范围内可能存在一些小构造发育，但不存在侵入火成岩和陷落柱的情况，对煤炭回采会造成一定的影响。11607 工作面地质构造产状要素详见表 2-2。

表 2-2 11607 工作面地质构造产状要素表

断层名称	走向/(°)	倾向/(°)	倾角/(°)	性质	落差/m	预计延展长度/m	导水情况
F11607-1	199	289	65	正断层	5.5		不导水
F11607-2	283	173	50	正断层	2.2		不导水
F11607-3	199	289	54	正断层	2.5		不导水
F11607-4	171	261	60	正断层	1.9		不导水
F11607-5	234	314	80	正断层	0.5		不导水
F11607-6	39	129	55	正断层	1.7		不导水
F11607-7	247	337	50	正断层	10.0		不导水
F11607-8	7	97	47	正断层	2.5		不导水
F11607-9	57	147	50	正断层	1.0		不导水
F11607-10	238	328	80	正断层	1.0		不导水
F11607-11	45	135	56	正断层	1.0		不导水
F11607-12	198	288	50	正断层	1.2		不导水
F11607-13	178	268	53	正断层	1.4		不导水
DF16	113	23	60	正断层	10.0	150	不导水
F11605-2	187	97	80～85	正断层	4.0		不导水
F11605-3	15	285	50～65	正断层	6.5		不导水

2.1.3 水文地质情况

通过对水文地质补勘数据分析可知：1160 采区主要可采煤层有两层，分别为 16#、17# 煤层，其各主要可采煤层与主要含水层上、下关系如图 2-1 所示。采区内对 16#、17# 煤层开采影响的主要含水层为十$_下$灰含水层、十三灰含水层及奥灰含水层。

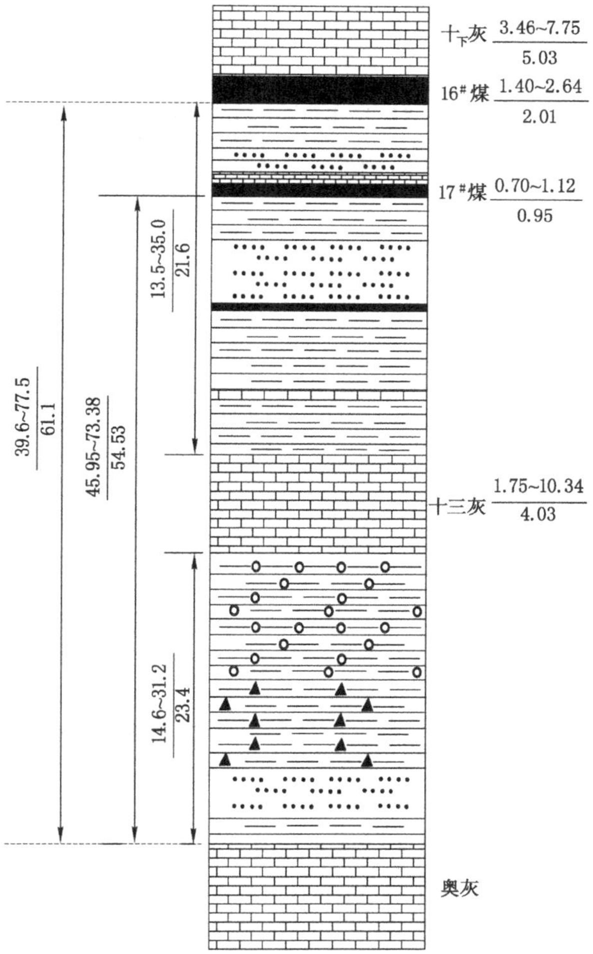

图 2-1　岱庄煤矿下组煤与含水层的位置关系图（单位：m）

2.1.3.1 含水层

16# 煤下方主要含水层有两层，分别为奥灰含水层和十三灰含水层。为了探明煤层下伏含水层的详情，在 11607 工作面开采前施工 9 个底板水文地质钻孔，编号为 1# ～9#，其中 1#、2#、3#、4#、6#、7#、8#、9# 钻孔终孔位置在十三灰含水层，5# 钻孔终孔位置在奥灰含水层。根据 1# ～9# 钻孔的钻探情况可知，工作面下伏奥灰含水层和十三灰含水层原始承压水导升高度为 0，在底板完整区域内。因此，在对 11607 工作面下伏含水岩层的突水系数进行计算时，只需要考虑底板的破坏深度。11607 工作面水文钻孔统计见表 2-3。

表 2-3 11607 工作面水文钻孔统计表

孔号编号	水量/(m^3/h)	十三灰含水层水压/MPa	底板破坏深度/m	隔水层厚度/m	含水层突水系数/(MPa/m)
1#	2.0	4.40	15.3	27.3	0.37
2#	0.5	4.21	15.3	24.0	0.48
3#	7.9	4.27	15.3	27.9	0.34
4#	13.5	4.22	15.3	28.4	0.32
5#	2.0	4.05	15.3	25.6	0.39
6#	3.0	4.30	15.3	26.7	0.38
7#	14.0	4.10	15.3	26.4	0.37
8#	60.0	3.90	15.3	23.6	0.47
9#	22.0	3.90	15.3	24.2	0.43

由表 2-3 可知，1#、2#、3#、4#、6#、7#、8#、9# 钻孔终孔位置位于十三灰含水层，各钻孔钻探结果表明：11607 工作面底板距离下方十三灰含水层上表面的垂距为 23.6～28.4 m，属于近距离承压水上采煤条件(开采煤层与承压含水层之间的垂距小于 30 m，煤层开采时受承压含水层的显著影响)，除 8# 钻孔外，各钻孔探测含水层的水量都未超过 25 m^3/h，各钻孔探明十三灰含水层的水压为 3.9～4.4 MPa，属于高承压含水层(水压超过 3 MPa)，突水系数为 0.32～0.48 MPa/m。5# 钻孔终孔位置在奥灰含水层，5# 钻孔探明奥灰含水层上表面与 111607 工作面底板的垂距为 52.4 m，探明奥灰含水层的水压为 4.7 MPa，其突水系数为 0.13 MPa/m。11607 工作面各水文钻孔探明含水层位置如图 2-2 所示。

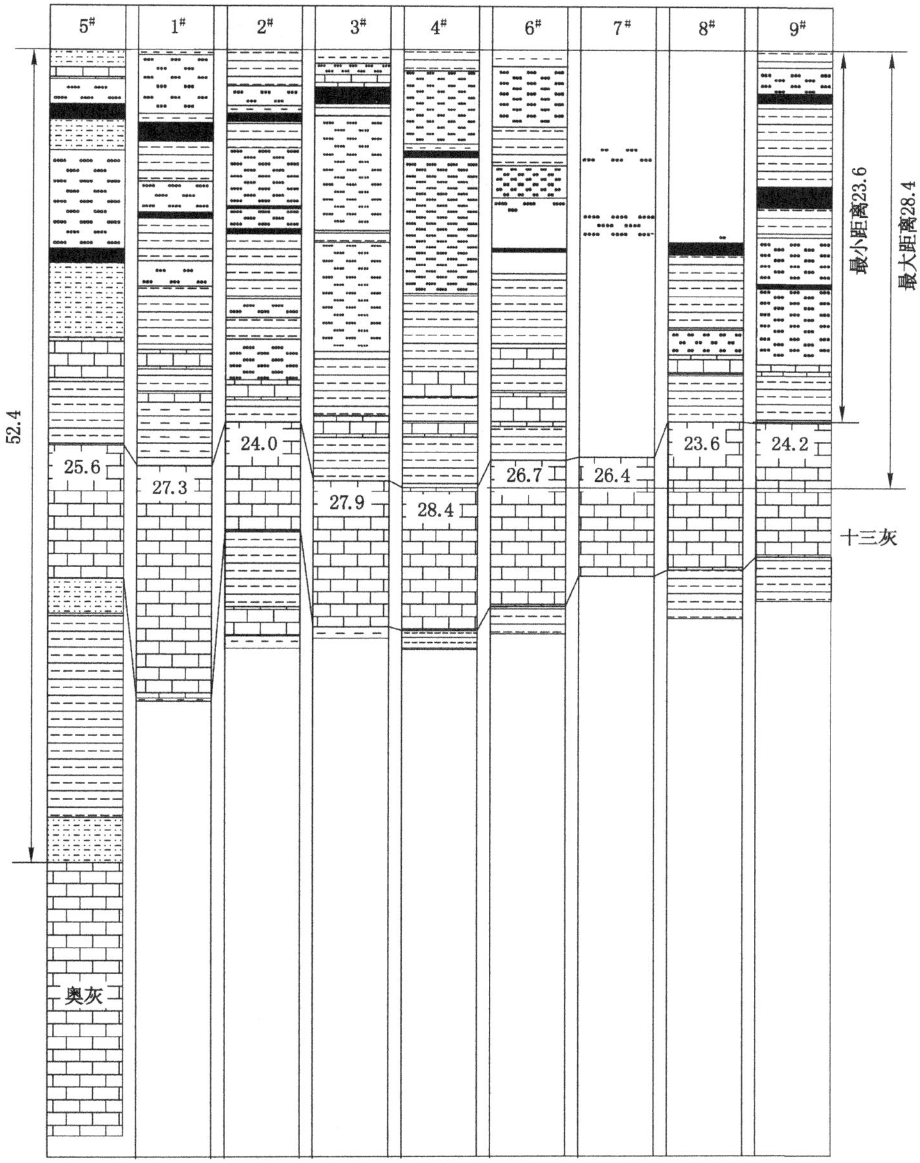

图 2-2 11607 工作面各水文钻孔探明含水层位置(单位:m)

2.1.3.2 隔水层

1#、2#、3#、4#、6#、7#、8#、9#钻孔终孔位置位于十三灰含水层，各钻孔钻探结果表明：十三灰含水层的上表面与 11607 工作面底板垂距为 23.6～28.4 m，5#钻孔探明奥灰含水层的上表面与 11607 工作面底板垂距为 52.4 m，11607 工作面底板隔水层主要以泥岩和砂岩为主，其力学性质见表 2-4。

表 2-4 11607 工作面底板隔水层力学性质

岩性	参数					
	单轴抗压强度/MPa	单轴抗拉强度/MPa	泊松比	弹性模量/GPa	内摩擦角/(°)	黏聚力/MPa
泥岩	$\frac{2.61\sim55.32}{23.78}$	$\frac{0.71\sim1.55}{1.02}$	$\frac{0.56\sim2.15}{0.92}$	$\frac{0.20\sim0.30}{0.25}$	$\frac{2.38\sim6.36}{4.53}$	$\frac{33\sim38}{35}$
砂岩	$\frac{35.16\sim108.87}{58.60}$	$\frac{1.23\sim3.97}{2.62}$	$\frac{1.03\sim11.90}{3.20}$	$\frac{0.17\sim0.28}{0.21}$	$\frac{3.68\sim10.06}{7.41}$	$\frac{34\sim43}{38}$
十三灰	$\frac{41.14\sim139.82}{73.70}$	$\frac{2.31\sim6.52}{4.59}$	$\frac{1.03\sim17.64}{5.56}$	$\frac{0.16\sim0.23}{0.19}$	$\frac{5.05\sim13.12}{8.69}$	$\frac{35\sim45}{40}$
杂色泥岩	$\frac{3.39\sim34.47}{19.58}$	$\frac{0.30\sim1.04}{0.65}$	$\frac{0.52\sim2.40}{0.92}$	$\frac{0.20\sim0.33}{0.26}$	$\frac{3.15\sim6.07}{4.48}$	$\frac{33\sim39}{35}$

注：所有数据格式均为$\frac{最小值\sim最大值}{平均值}$。

2.1.4 试验工作面概况

11607 工作面东部与大务屯村相距 44 m，东南方向与辛庄村相距 450 m，东北方向与西王村相距 209 m，工作面范围内地面以农田为主，在东西方向有高压线邻近工作面通过。工作面设计倾向长度为 120 m，走向长度为 1 000 m。工作面地面平均标高为＋40.3 m、底板平均标高为－501.3 m，煤层平均埋深为 541.6 m。11607 工作面开采的 16#煤平均煤厚为 2.16 m、平均倾角为 12°，煤层局部含厚度为 0.10～0.27 m 的细粒砂岩夹矸。工作面井下东南方向相距 11605 胶带巷约为 60 m，东北方向为 1160 胶带上山，西北方向相距 11609 轨道巷约为 45 m。11607 工作面布置示意如图 2-3 所示。

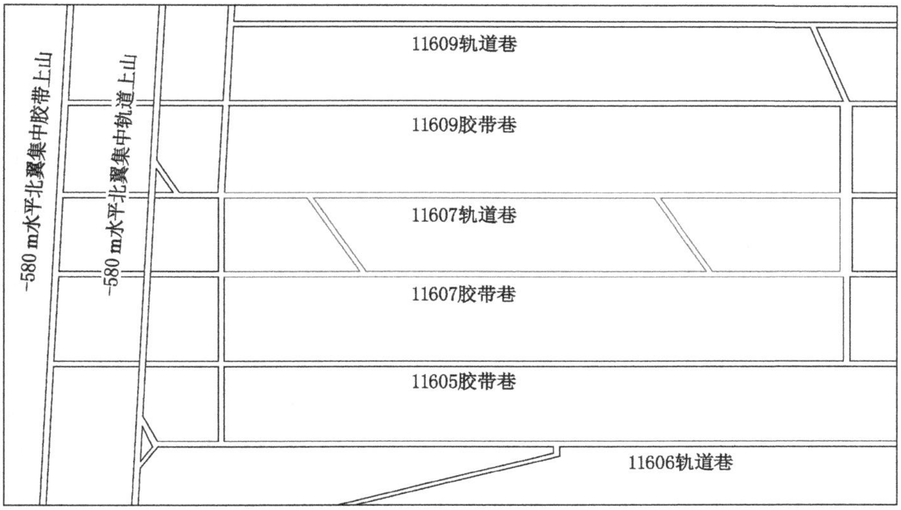

图 2-3 11607 工作面布置示意图

2.2 底板注浆改造效果分析

在工作面开采前需要研究分析工作面地质构造情况，对断层、褶皱等地质构造分布需要掌握清楚，才能有针对性地提出预防和治理措施。通过对工作面下伏煤岩层导水裂隙种类的研究，国内大部分学者同意将工作面下伏煤岩层大致归类为底板完整区、底板构造发育区、底板薄弱区、老采空区积水区和钻孔封闭不良区等。对于矿井近距离高承压水上采煤的问题，应针对工作面的不同地质构造情况区别对待，并制定不同的处理措施。根据前期 11607 工作面的地质报告和现场调查，工作面下伏煤岩层破坏深度绝大多数地段都处于容许范围之内，仅部分地段工作面下伏隔水层的厚度较薄，这些特殊区域需要针对性地配套膏体充填对下伏煤岩层进行注浆加固。

依据 11607 工作面下伏煤岩层导水裂隙种类的研究，11607 工作面下伏煤岩层大致可以分为三类：底板完整区、构造发育区、底板薄弱区。

2.2.1 底板构造发育区或底板薄弱区治理方案

工作面底板构造发育区或底板薄弱区，下伏十三灰和奥灰含水层距离工作面底板的距离变化较大，即底板隔水层的厚度变化较大。受工作面采动的影响，工作面下伏煤岩层将产生大量贯穿裂隙，当下伏十三灰和奥灰含水层距离工作面底板的距离较小时，十三灰和奥灰含水层发生突水的危险性增大，对于这样的危险区域如果不对工作面底板采取注浆加固措施，工作面的安全开采将存在巨大隐患。

(1) 底板薄弱区

把 11607 工作面底板与下伏十三灰含水层距离小于 24 m 的地段视为底板薄弱区。11607 工作面揭露的断层均属于不导水断层，但在开采过程中，断层受到采掘扰动活化，导致断层导水性增加，从而容易发生突水事故；另外，底板薄弱区也存在隔水层破断突水的威胁。因此，对于已揭露的不导水断层以及底板薄弱区应预先实施防治措施，对工作面下伏十三灰含水层进行注浆加固改造后才可以对煤层进行回采。

结合现场工作面采空区矿山压力显现规律，其矿压影响范围通常不超过 50 m，因此底板注浆改造范围定为底板薄弱区向外 50 m。若仅考虑奥灰突水威胁，则奥灰隔水层厚度均大于 24 m，不存在底板薄弱区。

(2) 底板构造发育区

① F11605-2、F11605-3 两个正断层落差分别为 4.0 m、6.5 m，该断层不导水，受到 11607 工作面采动的影响，存在激活断层的风险，导致不导水断层活化导水。其影响的区域视为构造发育区域。② 位于开切眼处的 DF16 断层，与开切眼的距离最小为 8 m，其落差和延伸长度分别为 10 m、150 m，根据模拟和现场实测，11607 工作面矿山压力显现的影响范围小于 50 m，所以初步将 DF16 断层的影响范围划定在 50 m 范围以内区域。③ 现场掘巷揭露的小断层需要进一步探明其发育和延伸范围，以便划定其发育区域。

结合现场工作面采空区矿山压力显现规律，其矿压影响范围通常不超过 50 m，初步确定对 F11605-2、F11605-3、DF16 断层向外 50 m 范围进行底板注浆加固和封堵改造。

2.2.2 高水压区和探测水文异常区治理方案

岱庄煤矿 11607 工作面为近距离高承压水上采煤的条件，为了保证其安全采煤，底板承压水的水压不得大于 4.4 MPa，所以工作面在采煤之前须对其下伏煤岩层的水文地质情况进行探明，常用的方法有钻探和物探两种方法。当探知工作面下伏承压水的水压大于 4.4 MPa 或水文地质异常时，须及时对其原因进行研究分析并采取相应的疏降措施。为了对下伏煤岩层高水压区和探测水文异常的区域进行疏降处理，根据现场实测工作面的矿压规律，11607 工作面对采场四周的矿压影响范围小于 50 m，所以 11607 工作面的疏降范围设为左右和前后各 100 m 之内，工作面下伏十三灰含水层疏降范围如图 2-4 所示。

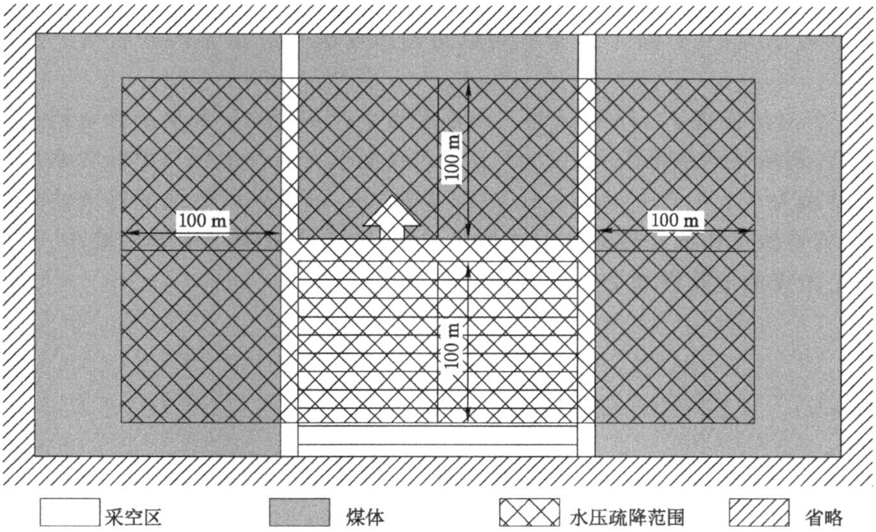

图 2-4 工作面下伏十三灰含水层疏降范围

将岱庄煤矿 11607 试验工作面底板十三灰含水层改造成隔水层，而后再对奥陶系上界以下一定范围内进行注浆改造。注浆后现场钻探结果表明：11607 工作面底板下方十三灰含水层水压为 3.9～4.4 MPa，突水系数为 0.32～0.48 MPa/m；下方奥灰含水层水压为 4.7 MPa，其突水系数为 0.13 MPa/m。如果采用传统的垮落法处理采空区，将导致工作面底板破坏深度增加，间接造成底板隔水层厚度减小，使得承压水上采煤的危险性增加，而影响承压含水层突水系数的关键在于底板隔水层厚度。基于此，本书将在底板注浆改造的基础上探究对底板破坏深度较小的膏体充填技术开采近距离高承压水上煤层。

2.3 本章小结

(1) 岱庄煤矿 11607 工作面 16# 煤下方主要含水层有两层，分别为奥灰含水层和十三灰含水层。根据在 11607 工作面开采前施工的 9 个底板水文地质钻孔的钻探情况可知，11607 工作面底板距离下方十三灰含水层上表面的垂距为 23.6～28.4 m，属于近距离承压水上采煤条件（开采煤层与承压水之间垂距小于 30 m，煤层开采时受承压含水层的影响显著），且十三灰含水层的水压为 3.9～4.4 MPa，属于高承压含水层（水压超过 3 MPa）。

(2) 通过对 11607 工作面的地质报告和现场调查以及下伏煤岩层导水裂隙

种类的研究，将11607工作面下伏煤岩层分为底板完整区、底部构造发育区和底板薄弱区三类，并针对工作面不同地质构造情况设计了不同的底板突水防治方案。

(3) 对岱庄煤矿11607试验工作面底板十三灰含水层和奥灰含水层注浆改造之后，现场钻探结果表明：11607工作面底板十三灰含水层与奥灰含水层突水系数分别为0.32～0.48 MPa/m、0.13 MPa/m，如果采用传统的垮落法处理采空区，将导致工作面底板破坏深度增加，间接造成底板隔水层厚度减小，使得承压水上采煤的危险性增加。

3　承压水上充填采煤底板破坏与作用机理分析

在煤层开采作业完成后，原地层的应力场被破坏而发生二次应力重新分布，导致采场局部围岩出现应力集中现象，进而导致围岩发生变形和破坏。岱庄煤矿 11607 试验工作面承压水上采煤底板突水的威胁来自底板十三灰含水层和奥灰含水层，因此应对底板十三灰含水层和奥灰含水层进行注浆改造。本章重点针对近距离高承压含水层充填采煤底板应力分布特征和底板破坏深度进行理论分析。

3.1　承压水上采煤充填体的作用机理

膏体充填开采之所以能限制或控制下伏煤岩层的破坏深度，关键在于构筑的充填体取代了被采出的煤层。为了对以上原因进行深入分析，就必须对充填体对围岩的作用机理进行研究，进而对充填开采中影响下伏煤岩层破坏的因素进行分析。现场大量实践表明，充填体的作用机理大致可分为三种类型：第一类是根据充填体对侧壁应力的支撑作用来认识充填体的作用机理；第二类是将充填体看作一种支撑结果，通过对上覆岩的支撑作用，限制或控制顶板变形和垮落；第三类是基于关键块体理论，该理论认为充填体的作用主要是限制或控制底板关键块体的冒落，从而达到提高围岩自身支撑能力的目的。

3.1.1　支护作用

国外学者布朗布和雷迪认为在工作面后方进行采空区充填处理属于人工支护的范畴，并提出充填体的支护作用主要分为三种类型：表面支护作用、局部支护作用、总体支护作用。充填体的支护作用原理如图 3-1 所示。

(1) 表面支护作用

在充填体的约束作用下，采场周围的关键块体的移动被大大限制，进而限制了采场周围煤岩体在较小应力作用下的变形。

(2) 局部支护作用

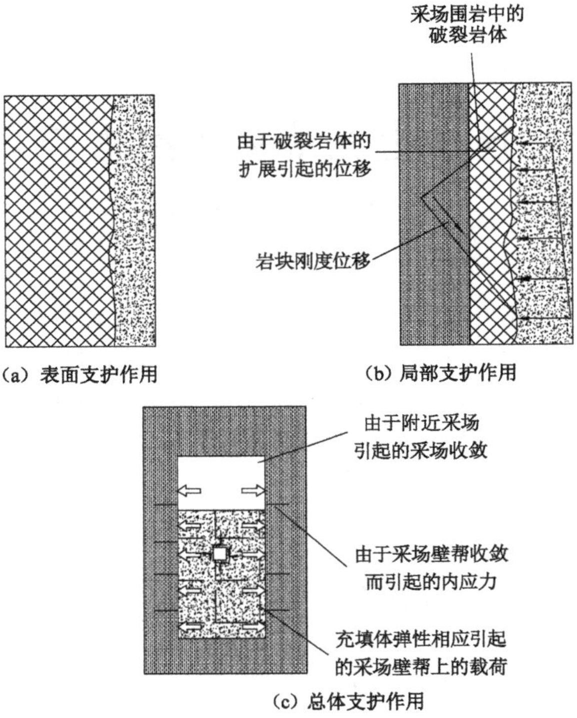

图 3-1　充填体的支护作用原理图

充填体在与顶板的接触面上产生支护作用，其支护应力呈现局部梯度分布特征。

(3) 总体支护作用

在采动影响下，充填体和岩体间的接触面上发生的位移导致充填体发生变形，进而导致整个采场围岩应力的下降。不论在什么情况下，充填体的支护作用不仅与充填体自身的性质有关，还与采场围岩性质相关。

3.1.2　充填体与系统的共同作用

于学馥等为了分析充填体的作用，通过充填开采的现场实践，在分析充填材料和充填工艺的基础上，对充填体产生的作用进行了总结。

(1) 系统的共同作用

随着工作面后方采空区充填体支撑体系的形成，其对顶底板的支撑作用会随着充填体龄期的增加而增加，对采空区的围岩变形起到了有效控制作用，尤其在采掘系统的自我组织作用下，围岩能量的释放速度急剧减小，有利于控制采场围岩变形，以及无支护作用下的自由塌落破坏。

（2）应力隔离作用

采空区充填体可以隔离采场围岩应力，阻断围岩应力的传递，改善采场围岩的应力状态。

（3）应力吸收和转移作用

充填开采结束后，充填体逐渐凝固，形成支撑体系，对采空区顶底板起到支撑作用。充填体替代了煤层采出后的空间，成为采场支撑结构系统的组成部分，并参与采场的自组织系统和活动。

3.1.3 充填体的综合作用机理

（1）充填体力学作用机理

煤层被采出后煤岩层的原始状态被打破，当采用膏体材料充填采空区后，采出煤体被充填体替代，原岩应力出现重新分布，在此过程中采场围岩的承载力得到明显提升。因此，充填体力学作用体现在支撑作用和提升采场围岩的承载力两个方面。

（2）充填体的让压作用机理

膏体充填体属于塑性材料，因此其受力后能够发生一定量的协调变形，从而保证在采场围岩结构基本完整的条件下，实现缓慢让压。根据能量理论，一方面，围岩释放能量的速度由于充填体的让压作用被限制，有利于采场围岩的长期稳定；另一方面，采场围岩作用于充填体，反之充填体对采场围岩起到支撑作用，相当于充填体对围岩起到柔性支护的作用。

（3）充填体结构作用机理

煤层的开采打破了煤岩层的原始稳定状态，致使原本承受荷载或维持平衡的稳定系统变为失稳系统，进而导致采场围岩结构的渐进和连锁破坏。当充填体替代了采出的煤层后，随着充填体的固化凝结，它便开始对原煤岩层结构产生维护作用，有利于采场围岩维持稳定。换言之，充填体在达到一定强度后，其对采场围岩结构产生的维护作用，有利于抑制采场围岩结构系统的突变失稳。

3.2 承压水上充填采煤底板应力分布及破坏特征

3.2.1 承压水上采煤底板力学模型

根据弹性力学理论，在半无限平面的上边界表面施加一集中力 F，集中力 F

的作用点为半无限平面的上边界表面上的任一点O，该集中力F作用方向垂直于半无限平面的上边界表面向下。以点O作为原点构建平面极坐标系，如图3-2所示。在构建的半无限平面中以任意一点$M(y,x)$为研究对象，其对应的极坐标为(ρ,φ)。

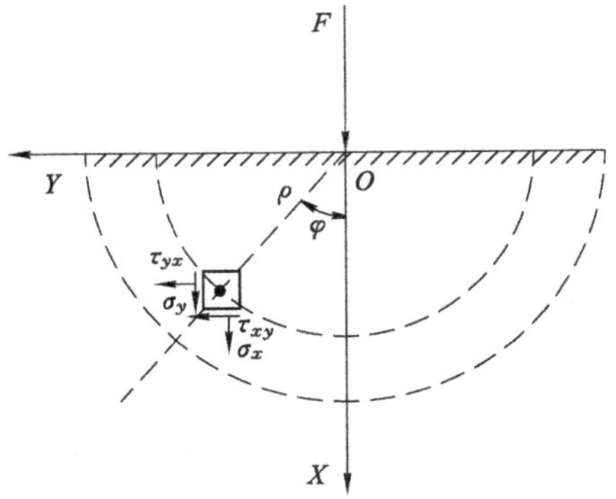

图3-2 半无限平面边界受集中力模型

在极坐标系中，集中力F的作用方向垂直于半无限平面的上边界表面向下，则在点$M(y,x)$处所引起的应力分量如下：

$$\begin{cases}\sigma_x = -\dfrac{2F\cos^3\varphi}{\pi\rho} \\ \sigma_y = -\dfrac{2F\sin^2\varphi\cos\varphi}{\pi\rho} \\ \tau_{xy} = -\dfrac{2F\sin\varphi\cos^3\varphi}{\pi\rho}\end{cases} \tag{3-1}$$

式中 F——作用在原点的垂直集中力；

$\sigma_x,\sigma_y,\tau_{xy}$——集中力$F$在点$M(y,x)$位置分别产生的垂直应力分量、水平应力分量和剪切应力分量；

ρ,φ——点$M(y,x)$对应极坐标的极径和极角。

将式(3-1)的极坐标系进行转化处理，为了后面计算方便，通过坐标转化公式(3-2)，将其转化成直角坐标系：

$$\begin{cases}x = \rho\cos\varphi \\ y = \rho\sin\varphi\end{cases} \tag{3-2}$$

式中 x,y——表示点$M(y,x)$与集中力作用点的垂直距离和水平距离。

通过坐标系转化后，可得：

$$\begin{cases}\sigma_x = -\dfrac{2F}{\pi}\dfrac{x^3}{(x^2+y^2)^2} \\ \sigma_y = -\dfrac{2F}{\pi}\dfrac{xy^2}{(x^2+y^2)^2} \\ \tau_{xy} = -\dfrac{2F}{\pi}\dfrac{x^2 y}{(x^2+y^2)^2}\end{cases} \tag{3-3}$$

则微分段荷载可表示为：

$$\begin{cases}\mathrm{d}\sigma_x = -\dfrac{2\mathrm{d}F}{\pi}\dfrac{x^3}{(x^2+y^2)^2} \\ \mathrm{d}\sigma_y = -\dfrac{2\mathrm{d}F}{\pi}\dfrac{xy^2}{(x^2+y^2)^2} \\ \mathrm{d}\tau_{xy} = -\dfrac{2\mathrm{d}F}{\pi}\dfrac{x^2 y}{(x^2+y^2)^2}\end{cases} \tag{3-4}$$

3.2.2 工作面前方底板应力分布规律

假定煤壁原点位置 O 至应力峰值点 A 的塑性区范围为三角形荷载 F_a，原岩应力位置 B 至应力峰值点 A 的弹性区范围为梯形荷载 F_b，岱庄煤矿 11607 试验工作面前方底板受到下方十三灰、奥灰承压含水层共同作用的荷载为均布荷载 F_c。构建含直角坐标系的工作面前方底板应力分布力学模型，如图 3-3 所示。图中，a 为塑性区范围，b 为弹性区范围，h_d 为工作面底板下边界表面至下方承压含水层上边界表面的实测垂直距离。

(1) 塑性区带状三角形荷载 F_a

$$F_a = kH\gamma\frac{\eta}{a}, \eta\in[0,a] \tag{3-5}$$

式中 H——工作面埋深；

k——应力集中系数；

γ——底板岩石容重；

η——微分段集中力作用点的横坐标；

a——塑性区范围。

为了方便后面的计算，先将线性荷载进行微分处理。选取微分段 $\mathrm{d}\eta$ 进行分析，如图 3-3 所示，则施加在该微分段的荷载为 η 处的集中力 $\mathrm{d}F_a$：

$$\mathrm{d}F_a = kH\gamma\frac{\mathrm{d}\eta}{a}, \eta\in[0,a] \tag{3-6}$$

工作面底板某位置点 $M(y,x)$ 和集中力 $\mathrm{d}F_a$ 的水平距离和垂直距离分别是 y 和 x，即：

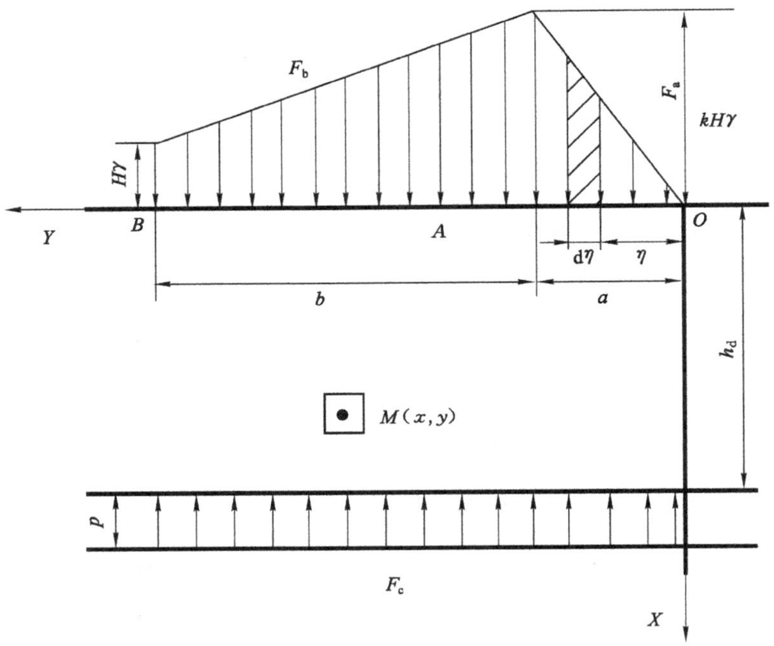

图 3-3　工作面前方底板应力分布力学模型

$$\begin{cases} y = y - \eta \\ x = x \end{cases} \tag{3-7}$$

将式(3-6)、式(3-7)代入式(3-4)，得到工作面底板某位置点 $M(y,x)$ 的集中力 dF_a 在该微分段产生的分应力为：

$$\begin{cases} d\sigma_{xa} = -\dfrac{2}{\pi}kH\gamma\dfrac{d\eta}{a}\dfrac{x^3}{[x^2+(y-\eta)^2]^2} \\ d\sigma_{ya} = -\dfrac{2}{\pi}kH\gamma\dfrac{d\eta}{a}\dfrac{x(y-\eta)^2}{[x^2+(y-\eta)^2]^2} \\ d\tau_{xya} = -\dfrac{2}{\pi}kH\gamma\dfrac{d\eta}{a}\dfrac{x^2(y-\eta)}{[x^2+(y-\eta)^2]^2} \end{cases} \tag{3-8}$$

则在工作面底板某位置点 $M(y,x)$ 线性荷载产生的应力为：

$$\begin{cases} \sigma_{xa} = -\dfrac{2}{\pi}\displaystyle\int_0^a kH\gamma\dfrac{\eta}{a}\dfrac{x^3}{[x^2+(y-\eta)^2]^2}d\eta \\ \sigma_{ya} = -\dfrac{2}{\pi}\displaystyle\int_0^a kH\gamma\dfrac{\eta}{a}\dfrac{x(y-\eta)^2}{[x^2+(y-\eta)^2]^2}d\eta \\ \tau_{xya} = -\dfrac{2}{\pi}\displaystyle\int_0^a kH\gamma\dfrac{\eta}{a}\dfrac{x^2(y-\eta)}{[x^2+(y-\eta)^2]^2}d\eta \end{cases} \tag{3-9}$$

(2) 弹性区梯形带状荷载 F_b

$$F_b = (1-k)H\gamma\frac{\eta}{b} + H\gamma\frac{(a+b)k-a}{b}, \eta \in (a, a+b] \tag{3-10}$$

式中 b——弹性区范围。

同理，选取微分段 $d\eta$ 进行分析，如图 3-3 所示，则施加在该微分段的荷载为 η 处的集中力 dF_b 为：

$$dF_b = (1-k)H\gamma\frac{d\eta}{b} + H\gamma\frac{(a+b)k-a}{b}, \eta \in (a, a+b] \tag{3-11}$$

集中力 dF_b 的作用点与底板内任一点 $M(y,x)$ 的水平距离和垂直距离分别是 y 和 x，同式(3-7)。将式(3-11)、式(3-7)代入式(3-4)，则在底板内任一点 $M(y,x)$ 位置该微分段的集中力 dF_b 引起的分应力为：

$$\begin{cases} d\sigma_{xb} = -\dfrac{2}{\pi}\left[(1-k)H\gamma\dfrac{\eta}{b} + H\gamma\dfrac{(a+b)k-a}{b}\right]\dfrac{x^3}{[x^2+(y-\eta)^2]^2} \\ d\sigma_{yb} = -\dfrac{2}{\pi}\left[(1-k)H\gamma\dfrac{\eta}{b} + H\gamma\dfrac{(a+b)k-a}{b}\right]\dfrac{x(y-\eta)^2}{[x^2+(y-\eta)^2]^2} \\ d\tau_{xyb} = -\dfrac{2}{\pi}\left[(1-k)H\gamma\dfrac{\eta}{b} + H\gamma\dfrac{(a+b)k-a}{b}\right]\dfrac{x^2(y-\eta)}{[x^2+(y-\eta)^2]^2} \end{cases} \tag{3-12}$$

则在底板内任一点 $M(y,x)$ 位置线性荷载产生的分应力为：

$$\begin{cases} \sigma_{xb} = -\dfrac{2}{\pi}\displaystyle\int_0^{a+b}\left[(1-k)H\gamma\dfrac{\eta}{b} + H\gamma\dfrac{(a+b)k-a}{b}\right]\dfrac{x^3}{[x^2+(y-\eta)^2]^2}d\eta \\ \sigma_{yb} = -\dfrac{2}{\pi}\displaystyle\int_0^{a+b}\left[(1-k)H\gamma\dfrac{\eta}{b} + H\gamma\dfrac{(a+b)k-a}{b}\right]\dfrac{x(y-\eta)^2}{[x^2+(y-\eta)^2]^2}d\eta \\ \tau_{xyb} = -\dfrac{2}{\pi}\displaystyle\int_0^{a+b}\left[(1-k)H\gamma\dfrac{\eta}{b} + H\gamma\dfrac{(a+b)k-a}{b}\right]\dfrac{x^2(y-\eta)}{[x^2+(y-\eta)^2]^2}d\eta \end{cases} \tag{3-13}$$

(3) 承压水压力均布荷载 F_c

$$F_c = -p, \eta \in [0, a+b] \tag{3-14}$$

式中 p——作用在隔水层的水压，MPa。

同理，选取微分段 $d\eta$ 进行分析，如图 3-3 所示，则施加在该微分段的荷载为 η 处的集中力 dF_c 为：

$$dF_c = -p, \eta \in [0, a+b] \tag{3-15}$$

集中力 dF_c 的作用点与底板内任一点 $M(y,x)$ 的水平距离和垂直距离分别是 $y-\eta$ 和 $h_d - x$，即：

$$\begin{cases} y = y-\eta \\ x = h_d - x \end{cases} \tag{3-16}$$

将式(3-15)、式(3-16)代入式(3-4),得到在底板内任一点 $M(y,x)$ 位置该微分段的集中力 dF_c 引起的分应力为:

$$\begin{cases} d\sigma_{xc} = \dfrac{2}{\pi} p \dfrac{(h_d - x)^3}{[(h_d - x)^2 + (y - \eta)^2]^2} \\ d\sigma_{yc} = \dfrac{2}{\pi} p \dfrac{(h_d - x)(y - \eta)^2}{[(h_d - x)^2 + (y - \eta)^2]^2} \\ d\tau_{xyc} = \dfrac{2}{\pi} p \dfrac{(h_d - x)^2 (y - \eta)}{[(h_d - x)^2 + (y - \eta)^2]^2} \end{cases} \tag{3-17}$$

则在底板内任一点 $M(y,x)$ 位置线性荷载产生的分应力为:

$$\begin{cases} \sigma_{xc} = \dfrac{2}{\pi} \displaystyle\int_0^a p \dfrac{(h_d - x)^3}{[(h_d - x)^2 + (y - \eta)^2]^2} d\eta \\ \sigma_{yc} = \dfrac{2}{\pi} \displaystyle\int_0^a p \dfrac{(h_d - x)(y - \eta)^2}{[(h_d - x)^2 + (y - \eta)^2]^2} d\eta \\ \tau_{xyc} = \dfrac{2}{\pi} \displaystyle\int_0^a p \dfrac{(h_d - x)^2 (y - \eta)}{[(h_d - x)^2 + (y - \eta)^2]^2} d\eta \end{cases} \tag{3-18}$$

根据应力相互叠加理论,将三个分应力相叠加,进而得到底板内任一点 $M(y,x)$ 位置在沿工作面走向的分应力为:

$$\begin{cases} \sigma_x = \dfrac{2}{\pi} \left\{ \displaystyle\int_0^{a+b} p \dfrac{(h_d - x)^3}{[(h_d - x)^2 + (y - \eta)^2]^2} d\eta - \int_0^a kH\gamma \dfrac{\eta}{a} \dfrac{x^3}{[x^2 + (y - \eta)^2]^2} d\eta - \right. \\ \qquad \left. \displaystyle\int_a^{a+b} \left[(1-k) H\gamma \dfrac{\eta}{b} + H\gamma \dfrac{(a+b)k - a}{b} \right] \dfrac{x^3}{[x^2 + (y - \eta)^2]^2} d\eta \right\} \\ \sigma_y = \dfrac{2}{\pi} \left\{ \displaystyle\int_0^{a+b} p \dfrac{(h_d - x)(y - \eta)^2}{[(h_d - x)^2 + (y - \eta)^2]^2} d\eta - \int_0^a kH\gamma \dfrac{\eta}{a} \dfrac{x(y - \eta)^2}{[x^2 + (y - \eta)^2]^2} d\eta - \right. \\ \qquad \left. \displaystyle\int_a^{a+b} \left[(1-k) H\gamma \dfrac{\eta}{b} + H\gamma \dfrac{(a+b)k - a}{b} \right] \dfrac{x(y - \eta)^2}{[x^2 + (y - \eta)^2]^2} d\eta \right\} \\ \tau_{xy} = \dfrac{2}{\pi} \left\{ \displaystyle\int_0^{a+b} p \dfrac{(h_d - x)^2 (y - \eta)}{[(h_d - x)^2 + (y - \eta)^2]^2} d\eta - \int_0^a kH\gamma \dfrac{\eta}{a} \dfrac{x^2 (y - \eta)}{[x^2 + (y - \eta)^2]^2} d\eta - \right. \\ \qquad \left. \displaystyle\int_a^{a+b} \left[(1-k) H\gamma \dfrac{\eta}{b} + H\gamma \dfrac{(a+b)k - a}{b} \right] \dfrac{x^2 (y - \eta)}{[x^2 + (y - \eta)^2]^2} d\eta \right\} \end{cases} \tag{3-19}$$

根据岱庄煤矿 11607 工作面概况,计算式(3-19)所需参数如下:$k=2.4$,$H=541.6$ m,$\gamma=0.024\ 5$ MN/m^3,$a=15$ m,$b=35$ m,$h_d=24$ m,$p=4.4$ MPa。将式(3-19)导入 MATLAB 软件进行求解,并绘制工作面煤壁前方 50 m、底板下方 45 m 深度区域内煤岩体的水平应力系数、垂直应力系数和剪切应力系数等值线云图,如图 3-4～图 3-6 所示。

根据图 3-4 可知,水平应力系数在试验工作面底板 12～13 m 范围内,等值

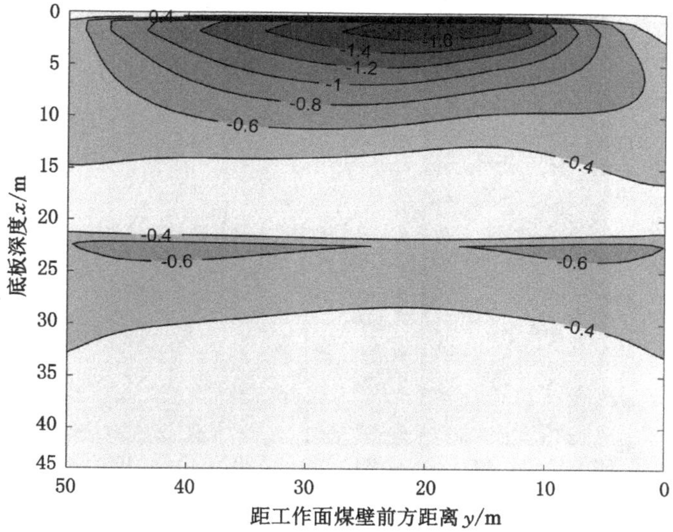

图 3-4 底板水平应力系数等值线云图

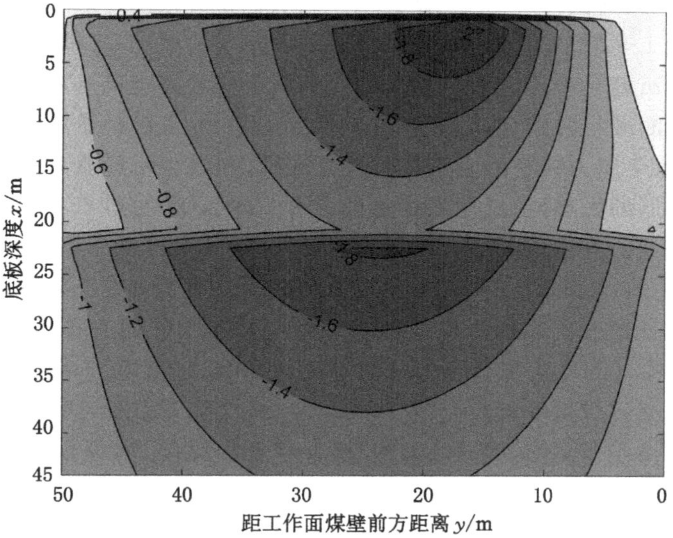

图 3-5 底板垂直应力系数等值线云图

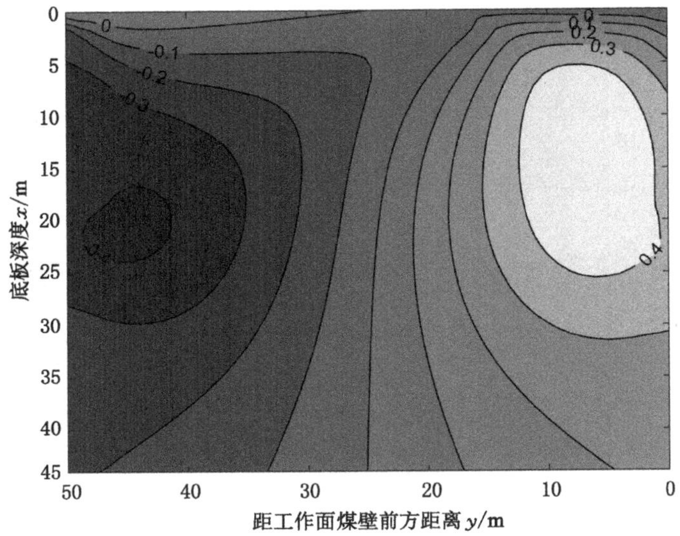

图 3-6　底板剪切应力系数等值线云图

线大致呈现纺锤形，峰值区域分布在煤壁前方 13～27 m、底板下方 3～3.5 m 深度范围以内，其峰值高达 1.6。试验工作面底板 2 m 范围内的水平应力系数由 0 急剧升高至 1.6，使得水平应力系数等值线间隔较为紧密；在试验工作面底板下方 3.5～45 m 深度范围内，在底板纵向上，随着底板深度的不断增大，水平应力系数呈现不断减小的趋势，并且水平应力等值线间隔不断增加，变得越来越稀疏，反映出水平应力减小的速率在下降。同样，在底板承压含水层位置，受到承压含水层水压的影响，在工作面煤壁前方 0～18 m 范围和 25～49 m 范围出现水平应力突然上升的现象。

根据图 3-5 可知，垂直应力系数在底板的等值线分布呈不断扩散的椭圆形，并且椭圆的长轴随着底板深度的增加而改变。在工作面底板承压含水层位置（距离底板约 24 m），受到承压含水层水压的影响，垂直应力系数出现突然上升的现象。研究区域内垂直应力峰值区域大致在试验工作面煤壁前方 13～22 m、底板深度 5 m 位置，峰值高达 1.8～2.0。在底板纵向上，垂直应力系数呈现出随深度的增加而不断减小的规律，在试验工作面底板深度 22～24 m 位置，垂直应力系数普遍降低至 1.0，该深度位置的垂直应力基本与原岩应力相近。就垂直应力系数减小的方向而言，沿底板垂直方向上随着深度的增加，垂直应力系数等值线间隔逐渐增大，反映出水平应力减小的速率变得缓慢；沿底板水平方向的垂直应力系数的等值线间隔较紧密，反映出水平应力减小的速率较快，尤其是试验工作面煤壁前方 15 m 范围以内。

根据图 3-6 可知，试验工作面底板岩体内剪切应力等值线大致呈现左右两个不断发散的椭圆形，左右两个椭圆形的剪切应力方向相反，两个椭圆形大致在试验工作面煤壁前方 24～25 m 位置相交，此处剪切应力系数为 0。等值线云图右边剪切应力集中区域大致在试验工作面煤壁前方 12 m、底板深度 24～25 m 范围，此区域的剪切应力系数达到 0.4；等值线云图左边剪切应力系数集中区域大致在试验工作面煤壁前方 42～49 m、底板 23～24 m 范围内，此区域的剪切应力系数也达到 0.4。就剪切应力系数减小的方向而言，在底板垂直向下方向上随着深度的增加，剪切应力系数的等值线间隔逐渐变大，反映出水平应力减小的速率变得缓慢；沿底板水平方向，在接近两椭圆形相交位置，剪切应力系数的等值线间隔逐渐变得密集，反映出水平应力减小的速率较快。

3.2.3 工作面前方底板破坏特征

在承压含水层上采煤，在上覆岩层荷载和承压含水层水压的耦合作用下，工作面底板岩层容易出现剪切变形，所以可以采用莫尔-库仑准则判定底板岩层是否发生破坏。底板岩体剪应力最大值为：

$$\tau_{\max}=\sqrt{\tau_{xy}^{2}+\frac{(\sigma_x-\sigma_y)^2}{2}} \tag{3-20}$$

试验工作面底板岩体任一点 $M(y,x)$ 破坏判据为：

$$\left[\frac{(\sigma_x-\sigma_y)}{2}\tan\varphi+c\right]\Big/\sqrt{\tan^2\varphi+1}\leqslant\tau_{\max} \tag{3-21}$$

式中 c——黏聚力；

φ——内摩擦角。

自定义底板破坏判据为函数 $F(y,x)$，当 $F(y,x)\leqslant 0$ 时，底板岩体将发生破坏。

$$F(y,x)=\left[\frac{(\sigma_x-\sigma_y)}{2}\tan\varphi+c\right]\Big/\sqrt{\tan^2\varphi+1}-\tau_{\max} \tag{3-22}$$

代入岱庄煤矿 11607 试验工作面底板参数（$\varphi=35°$，$c=4.53$ MPa），并采用 MATLAB 软件分别绘制出底板岩体最大剪应力 $\tau_{\max}$ 和函数 $F(y,x)$ 的图像，如图 3-7 所示。

由图 3-7(a)分析可知，试验工作面底板岩体的最大剪应力峰值分布在工作面煤壁前方 23.47 m、底板深度 27.84 m 范围内，其剪应力最大值高达 11.74 MPa。底板在超前支承应力和含水层水压的耦合作用下处于高剪应力状态，使得煤层底板容易出现剪破坏，从而导致煤层底板发生突水事故。根据底板破坏判据函

数 $F(y,x)\leqslant 0$，煤层底板发生破坏，由图 3-7(b)可知，底板岩体发生破坏的最大深度约为 2.5 m。

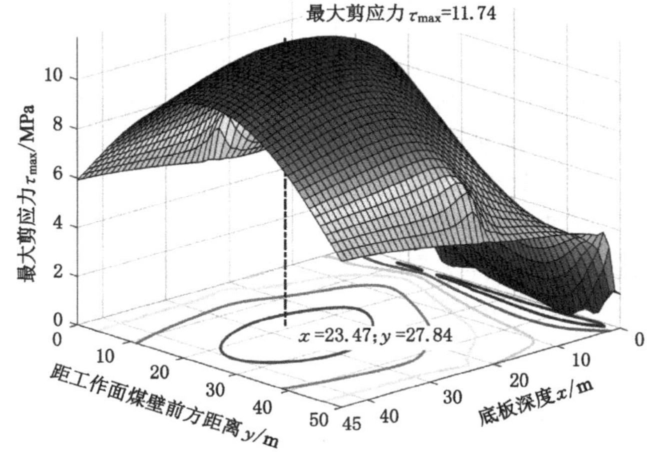

(a) 最大剪应力分布

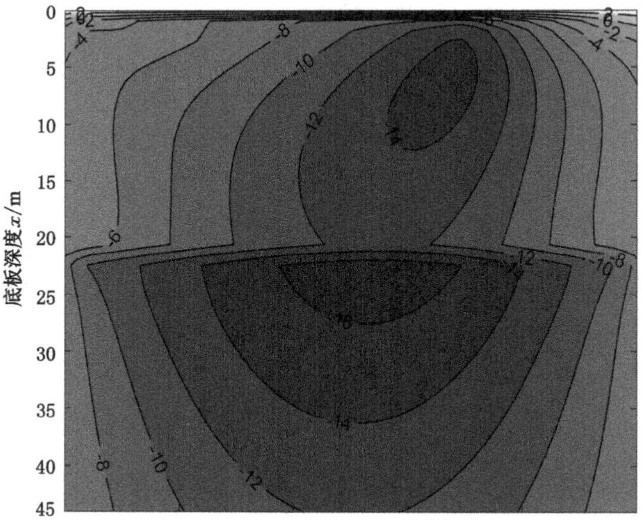

(b) $F(y,x)$函数分布

图 3-7 工作面底板岩体破坏特征

3.3　基于等价采高承压水上充填采煤底板破坏深度实例计算

3.3.1　沿煤层走向底板塑性破坏分析

一定范围的煤层底板受载后，当其表面的荷载超过某临界荷载时，煤层下伏煤岩层在一定深度内将形成塑性区，使其产生塑性形变。当一定范围内的底板岩体承受最大荷载 p_m 而导致破坏时，底板岩体塑性区在荷载作用范围内将产生贯通，形成片状塑性区并导致底鼓，即片状塑性区内底板岩体向采空区内移动变形，将产生一个连续的滑移面。关于底板岩体的承载极限，张金才等通过对魏西克公式的补充和修改，提出了更合理的计算理论公式：

$$p_m = (c\cot\varphi + m\gamma H + \gamma x_a \tan\varphi)e^{m\tan\varphi}\tan^2\left(\frac{\pi}{4}+\frac{\varphi}{2}\right) + \gamma x_a \tan\varphi - c\cot\varphi \tag{3-23}$$

式中　x_a——煤柱屈服区的长度；

c——底板岩体的黏聚力；

m——工作面实际采高。

通过工作面下伏煤岩层产生的塑性破坏范围，将工作面下伏煤岩层塑性区破坏范围划分成3类：主动极限范围（图3-8中的Ⅰ区）、过渡范围（图3-8中的Ⅱ区）和被动极限范围（图3-8中的Ⅲ区）。其中：ab 和 ac 两条直线分别构成主动极限范围 $a'ab$ 和被动极限范围 acd；以起点为 a 的两组放射线和一组对数螺旋线构成了过渡范围 abc。图3-8中，acd 三角形区域为被动极限范围，采空区下伏煤岩层的最大破坏深度为 e 点位置，滑移线 bec 的方程为：

$$r = r_0 e^{\theta\tan\varphi_0} \tag{3-24}$$

式中　θ——r 与 r_0 之间的夹角；

φ_0——底板岩体内摩擦角。

根据图3-8可知，受煤层采动影响工作面底板形成塑性区是导致底板发生底鼓变形的直接原因。随着煤层开采，采空区顶板失去了原煤层的支撑作用，采空区上覆煤岩层自重荷载由采空区四周的煤体承担。随着煤层开采进尺增加，采空区也不断增大，上覆煤岩层自重荷载对底板的作用也在增强，导致采空区下伏煤岩层产生塑性区。根据图3-9可知，垂直应力作用在 $aa'b$ 区，使其发生压缩变形，将应力经过渡范围 abc 传递到被动极限范围 acd，当被动极限范围上方采空区无充填体时，即没有荷载作用在底板上，被动极限范围内的煤岩层将向上发生隆起变形，进而导致底板发生底鼓变形。根据图 3-9 推导过渡范围内底板的最大破坏深度。

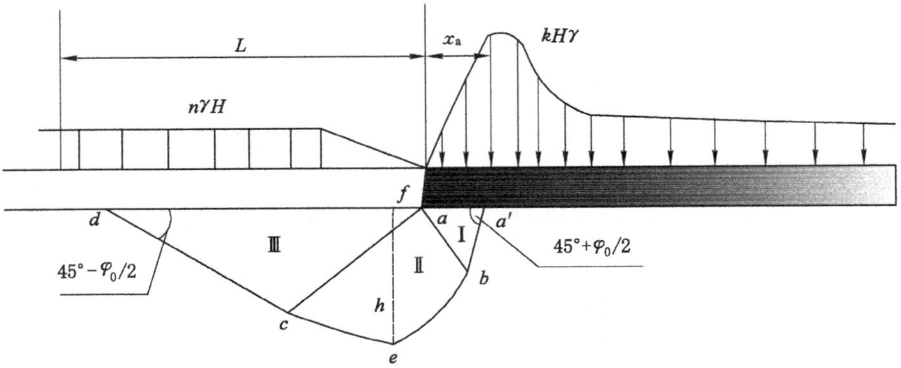

图 3-8　底板塑性区滑移线边界

在 $\Delta aa'b$ 中：

$$ab = r_0 = x_a \Big/ \left[2\cos\left(\frac{\pi}{4}+\frac{\varphi_0}{2}\right)\right] \tag{3-25}$$

在 Δaef 中：

$$h = r\sin\alpha$$

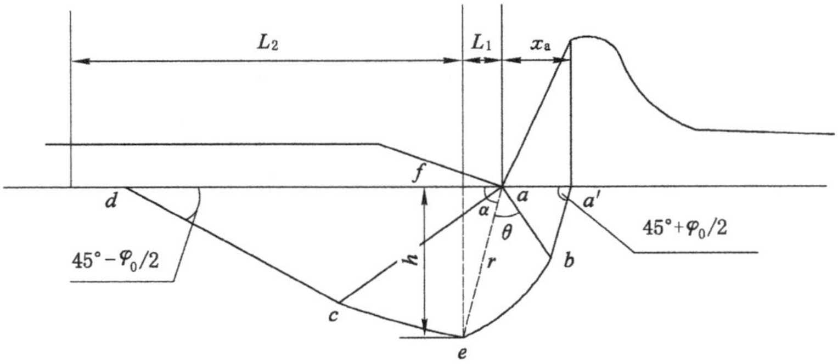

图 3-9　下伏煤岩层破坏深度计算模型

$$\alpha = \frac{\pi}{2} - \left(\frac{\pi}{4} - \frac{\varphi_0}{4}\right) - \theta$$

因此：

$$h = r_0 e^{\theta \tan \varphi_0} \cos\left(\theta + \frac{\varphi_0}{2} - \frac{\pi}{4}\right) \tag{3-26}$$

根据$\frac{dh}{d\theta}=0$，得：

$$\frac{dh}{d\theta} = r_0 e^{\theta \tan \varphi_0} \cos\left(\theta + \frac{\varphi_0}{2} - \frac{\pi}{4}\right) \tan \varphi_0 - r_0 e^{\theta \tan \varphi_0} \sin\left(\theta + \frac{\varphi_0}{2} - \frac{\pi}{4}\right) = 0$$

则：

$$\theta = \frac{\varphi_0}{2} + \frac{\pi}{4} \tag{3-27}$$

将式(3-25)、式(3-27)代入式(3-26)，得：

$$h = x_a \cos \varphi_0 e^{\left(\frac{\pi}{4}+\frac{\varphi_0}{2}\right) \tan \varphi_0} \Big/ \left[2\cos\left(\frac{\pi}{4} + \frac{\varphi_0}{2}\right)\right] \tag{3-28}$$

如图 3-10 所示，为了进行微分计算，在煤体中取单元体 M，当受力平衡时单元煤体 M 沿 x 轴的合力为 0，可得：

$$2(c_m + \sigma_z \tan \varphi) dx + \sigma_x m - \left(\sigma_x + \frac{d\sigma_x}{dx} dx\right) m = 0$$

$$2c_m + 2\sigma_z \tan \varphi - \frac{d\sigma_x}{dx} m = 0 \tag{3-29}$$

式中 c_m——煤体的黏聚力。

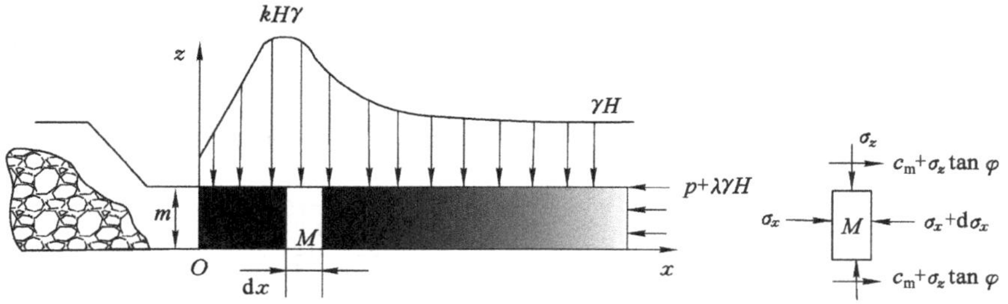

图 3-10 平衡状态应力分布图

再结合莫尔-库仑理论和极限平衡理论可得：

$$\begin{cases} \dfrac{\sigma_z + c_m \cot \varphi}{\sigma_x + c_m \cot \varphi} = \dfrac{1 + \sin \varphi}{1 - \sin \varphi} \\ d\sigma_x = \dfrac{1 - \sin \varphi}{1 + \sin \varphi} d\sigma_z \end{cases} \tag{3-30}$$

将式(3-30)代入式(3-29)得：

$$2c_m + 2\sigma_z \tan \varphi - \frac{m(1 - \sin \varphi)}{1 + \sin \varphi} \frac{d\sigma_z}{dx} = 0 \tag{3-31}$$

将边界条件($x=0$ 时,$\sigma_x=0$)代入,求解可得:

$$\sigma_z=\frac{1+\sin\varphi}{1-\sin\varphi}c_{\mathrm{m}}\cot\varphi e^{\frac{2(1+\sin\varphi)x\tan\varphi}{m(1-\sin\varphi)}}-c_{\mathrm{m}}\cot\varphi \tag{3-32}$$

当 $\sigma_z=k\gamma H$ 时,代入上式可得:

$$x_{\mathrm{a}}=\frac{m(1-\sin\varphi)}{2\tan\varphi(1+\sin\varphi)}\ln\frac{(1-\sin\varphi)(k\gamma H+c_{\mathrm{m}}\cot\varphi)}{(1+\sin\varphi)c_{\mathrm{m}}\cot\varphi} \tag{3-33}$$

式中 c_{m}——煤体的黏聚力。

当工作面未采用膏体充填开采时,工作面实际采高 m 与其等价采高 m_{d} 相等,据此,将 x_{a} 代入式(3-28),便可求出煤层下伏煤岩层的塑性区最大深度 h。当工作面采用膏体充填开采时,要计算工作面下伏煤岩层破坏的深度,除了考虑工作面煤岩体力学参数外,还需要考虑膏体充填工作面等价采高 m_{d},下面将对 m_{d} 的计算方法进行分析。

3.3.2 膏体充填开采等价采高分析

膏体充填开采等价采高计算模型如图 3-11 所示,工作面采用膏体充填开采的等价采高组成主要包括三个部分:① 充填体欠接顶量 Δ,其产生的主要原因是充填工艺和技术的不足;② 顶底板移近量 δ,由于煤层被采出后煤岩层的原始状态被打破,造成煤岩层发生协调变形和移动;③ 充填体的变形量 S,该变形量具体又包括两部分,即充填体承受采空区上覆煤岩层自重应力而发生的压缩变形 S_1 和充填体固化凝结过程中发生泌水导致的收缩变形 S_2。在现场应用中,膏体充填材料在固化凝结过程中基本不会发生泌水,采空区围岩能吸收一定的泌水,所以在计算充填体变形的时候不考虑充填体泌水导致的收缩变形。

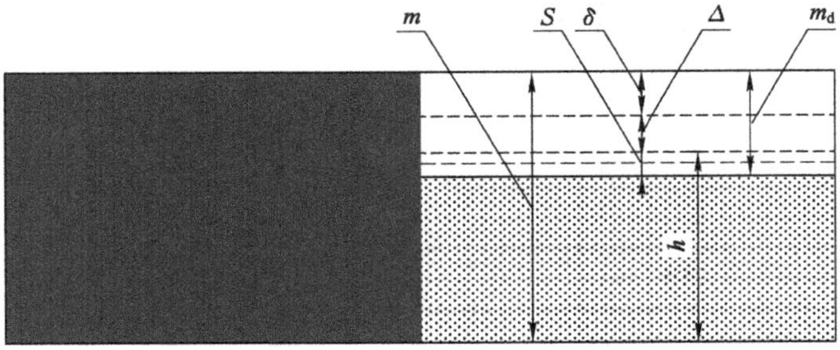

图 3-11 膏体充填开采等价采高计算模型

工作面采用膏体充填开采的等价采高 m_{d},则 $m_{\mathrm{d}}=\delta+\Delta+S$,充填泌水也会导致变形,但这里将其忽略不计,所以式中充填体的压缩变形等于充填的变形。

假定充填体压缩率为 η'，则其压缩量为 $S_2=\eta' h$，据此，推导出理论计算等价采高 m_d 的公式如下：

$$m_d=\delta+\Delta+\eta'(m-\delta-\Delta) \tag{3-34}$$

根据现场 11607 工作面的开采实际，工作面平均埋深为 514.6 m，工作面实际采高为 2.16 m。采空区充填之前顶底板移近量 δ 为 200～300 mm，充填体压缩率 η' 取 5%，充填后欠接顶量 Δ 取 100 mm。将相关数据代入公式(3-34)可得：11607 充填工作面的等价采高 m_d 为 0.39～0.49 m。

3.3.3　试验充填面底板破坏深度计算

根据现场 11607 工作面的开采实际可知，16# 煤层平均埋深 H 为 514.6 m，煤体内摩擦角 φ 约为 25°，煤体黏聚力 c_m 约为 0.5 MPa，等价采高 m_d 为 0.39～0.49 m，应力集中系数 k 小于 4，底板 φ_0 为 45°，岩层平均容重 γ 为 2 500 kN/m³。将相关数据代入式(3-33)得：

$$x_a=0.8\sim1.0\ \text{m}$$

将 x_a 代入式(3-28)，所得试验工作面下伏煤岩层破坏的深度为：

$$h=2.5\sim3.0\ \text{m}$$

经等价采高理论计算可知，初步判定试验工作面下伏煤岩层破坏的深度为 2.5～3.0 m。

3.4　基于等效巷道承压水上充填采煤底板破坏深度实例计算

底板破坏深度的现有研究成果多以采用垮落法的工作面为研究背景，对于采用膏体充填法的工作面底板破坏深度的研究并不充分。采用充填法处理采空区时，膏体充填材料逐渐充满工作面后方采空区，充填体对顶底板及时支护，则可以看作只有开切眼在不断向前推进，如图 3-12 所示。

当采用充填开采时，可将开切眼看作不断向前推进的特殊巷道，相对于未采用充填开采时其矿压显现不明显，直接顶未出现周期破断，基本顶也未产生周期来压，采空区顶底板的围岩条件得到改善。我们可以采用等效巷道理论计算充填开采下伏煤岩层的破坏深度。

岱庄煤矿上组煤膏体充填工作面采用“三八”制作业方式，上组煤计划布置 2 个充填工作面，下组煤计划布置 1 个充填工作面，3 个工作面共用 1 个充填站。为协调生产，充分发挥充填站的充填能力，下组煤开采也应采用“三八”制作业方式，即“采煤—充填—凝固”的循环作业方式(此作业方式工作面每天推进的

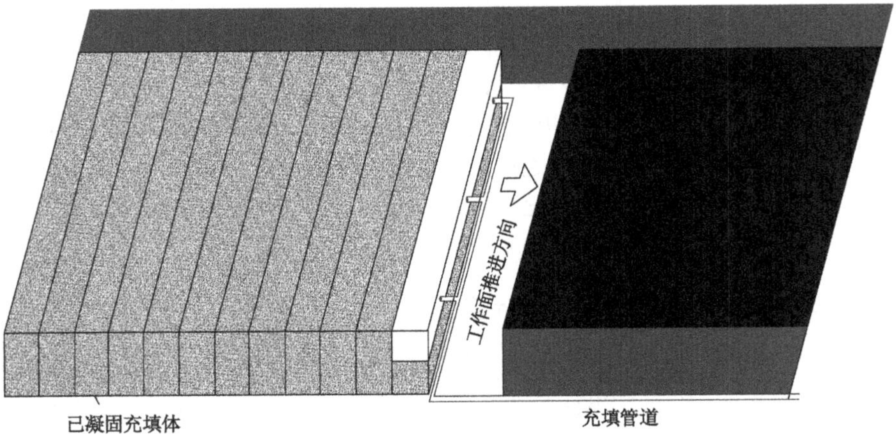

图 3-12 长壁膏体充填工作面示意图

距离与充填步距相等)。以此循环作业方式为基础,在对膏体充填工作面等效巷道进行分析之前,首先对膏体充填的充填体耐水压强度与最终强度进行分析。

3.4.1 工作面充填体强度需求分析

3.4.1.1 充填体耐水压强度分析

随着充填体凝固,充填体对顶板的支撑作用增强,充填体承受的荷载也随之增加,但此支撑力不会一直增加,而是在充填体承受的荷载与底板承压水的水压相同时,形成临界受力平衡,该状态称为平衡水压力状态。充填体在平衡水压力状态所承受的荷载强度,称为耐水压强度。当采空区采用膏体材料充填后,充填体凝固形成承载结构,对顶底板起到支护作用,充填体受力从零逐渐增加到原岩应力水平,而当充填体受力达到能够平衡底板水压的水平时,底板就失去突水危害性,此时充填体传递给底板的压力水平为平衡水压力水平。

采空区采用膏体材料充填后,充填体凝固形成承载结构,可将充填体看作条带煤柱,对采空区顶底板起到及时支护作用。因此,可以通过分析条带煤柱的稳定性来确定充填体的强度要求,选择沿采煤工作面开采的走向绘制采空区充填体承受荷载力学分析剖面图,如图 3-13 所示。

国内外大量研究结果表明,充填开采结束后,采空区的充填体逐渐凝固,形成支撑体系,采空区上部煤岩层自身的重力施加到充填体上,再通过充填体传递到采空区顶底板,进而形成充填体和采空区顶底板之间的“底板-充填体-顶

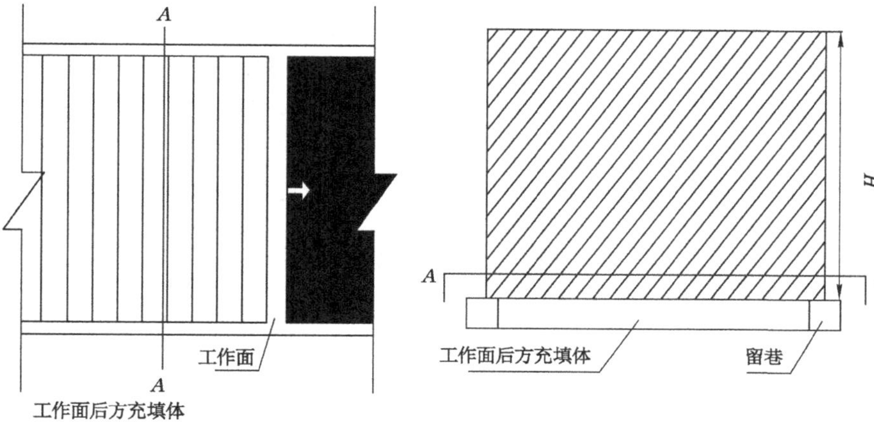

图 3-13 采空区充填体承受荷载力学分析剖面图

板”相互作用体系。采空区充填体承受荷载力学分析模型如图 3-14 所示，图中的黑色部分表示充填体，斜线部分表示上部煤岩层施加在条带煤柱上的重力范围。

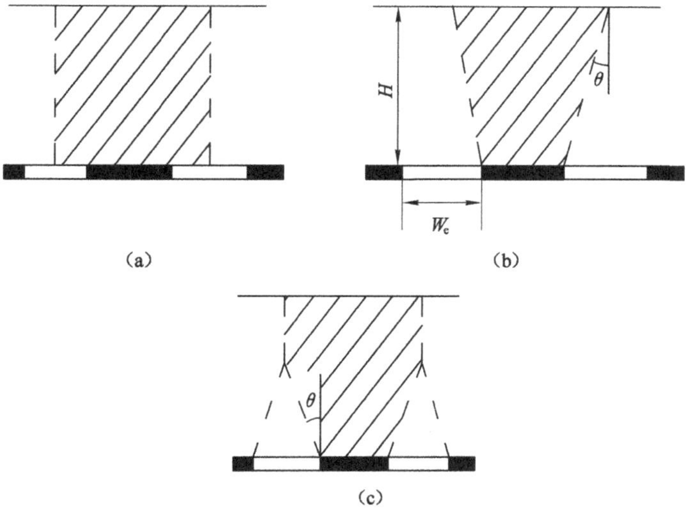

图 3-14 采空区充填体承受荷载力学分析模型

如图 3-14(a)所示，采空区上部煤岩层重力全部施加在条带充填体正上方和两侧部分，此时充填体所承受的荷载最大、状态最危险。如图 3-14(b)、(c)所示，采空区上部煤岩层重力全部施加在充填体正上方，图 3-14(b)中充填体承受的荷载处于超临界状态，图 3-14(c)中充填体承受的荷载处于亚临界状态。国内外大量研究结果表明，当 $W_e/H>2\tan\theta$ 或 $W_e>0.6H$ 时，充填体承受的荷载处于超临界状态；当 $W_e/H<2\tan\theta$ 或 $W_e<0.6H$ 时，充填体承受的荷载处于亚临界状态。

图 3-14(a)中充填体所承受的荷载最大、状态最危险，此时承受的荷载为：

$$p_p=\gamma H\left(1+\frac{W_e}{W_p}\right) \tag{3-35}$$

式中 p_p——充填体承受平均荷载；

γ——充填体上部煤岩层的平均容重；

H——膏体充填工作面的开采深度；

W_e——工作面开采出的条带宽度，此处为留巷宽度；

W_p——充填体条带的宽度。

图 3-14(b)中充填体所承受的荷载处于超临界状态，此时承受的荷载为：

$$p_p=\gamma H\left(1+\frac{H}{W_p}\tan\theta\right) \tag{3-36}$$

图 3-14(c)中充填体所承受的荷载处于亚临界状态，此时承受的荷载为：

$$p_p=\gamma H\left(1+\frac{W_e}{W_p}\right)-\frac{\gamma W_e^2}{W_p}c\cot\theta \tag{3-37}$$

充填体承受的荷载需与底板承压水的水压达到平衡，才能消除底板突水危险，所以底板岩层的自重与承压水水压的合力 q 为充填体所承受的荷载，并结合式(3-35)可得：

$$p_p=q\left(1+\frac{W_e}{W_p}\right) \tag{3-38}$$

根据条带煤柱稳定性评价理论公式可得：

$$k_1=\frac{[\sigma]}{p_p}=\frac{\sigma_c\sqrt{\dfrac{D}{0.9}}\left(0.64+0.36\dfrac{W}{m}\right)^{1.4}}{q\left(1+\dfrac{W_e}{W_p}\right)} \tag{3-39}$$

即耐水压强度要求为：

$$\sigma_c=\frac{k_1q\left(1+\dfrac{W_e}{W_p}\right)}{\sqrt{\dfrac{D}{0.9}}\left(0.64+0.36\dfrac{W}{m}\right)^{1.4}} \tag{3-40}$$

式中 k_1——充填体安全系数；

W——工作面斜长；

m——采高；

D——圆柱体试样的直径或立方体试样的边长；

$[\sigma]$——充填体强度极限。

现场岱庄煤矿 11607 试验工作面斜长 $W=W_p=120$ m，沿空留巷宽度 $W_e=4$ m，工作面底板十三灰最大水压与隔水层自重合力 $q=4.9$ MPa，为了安全起见，工作面采高取最大煤层厚度，即 $m=2.6$ m，试样边长为 100 mm，安全系数 $k_1=2$。将相应参数代入式(3-40)计算得出，充填体耐水压强度必须大于 0.6 MPa，才能保证膏体充填体耐水压强度达到安全稳定需求。

3.4.1.2 *充填体最终强度分析*

工作面采空区采用膏体充填处理后，充填体凝固形成承载结构，其受力主要形式为单轴纵向受力。国内外学者大量研究发现，煤体强度极限在单轴纵向受力状态下的理论公式主要有以下两种：① 满足煤柱 2～8 的宽高比的 Holland 公式；② 满足煤柱 1～8 的宽高比的 Obert-Kwvall/Wang 公式、Salamon-Mnuro 公式和 Bieniawski 公式。根据岱庄煤矿 11607 工作面现场实际，初步考虑使用 Salamon-Mnuro 公式和 Bieniawski 公式计算充填膏体的最终强度。

大量现场实践表明，采空区充填选用的膏体充填材料能快速凝固，具有较好的整体性和密实性，充填体内部没有裂隙节理，承载受力结构性较好，在单轴纵向受力条件下，其塑性变形特点使得膏体充填体能承受一定范围内的塑性变形，在膏体充填体协同变形过程中改善了顶底板的力学环境。而煤体一般呈现松散脆性特性，且煤体内部通常存在大量的裂隙节理，使得煤体的完整性相对较差，当煤体受到采动影响时容易发生脆性变形破坏。综上分析可知，Bieniawski 公式更能满足采空区充填对充填材料的强度设计需求。

采用 Bieniawski 公式进行计算，可得：

$$\sigma_p=\sigma_m\left(0.64+0.36\frac{W}{m}\right)^n \tag{3-41}$$

其中：

$$\sigma_m=\sigma_c\sqrt{\frac{D}{0.9}} \tag{3-42}$$

式中 σ_p——煤柱强度；

σ_c——试样单轴抗压强度；

W——工作面斜长；

m——采高；

n——常量，$W/m>5$ 时 $n=1.4$，$W/m<5$ 时 $n=1.0$；

D——圆柱体试样的直径或立方体试样的边长。

现场岱庄煤矿 11607 工作面的采高为 2 m，工作面斜长为 120 m，可知 $W/m=60>5$，代入式(3-41)可得：

$$[\sigma]=\sigma_{\rm m}\left(0.64+0.36\frac{W}{m}\right)^{1.4} \tag{3-43}$$

根据条带煤柱稳定性评价理论公式可得：

$$k_1=\frac{[\sigma]}{P_{\rm p}}=\frac{\sigma_{\rm c}\sqrt{\frac{D}{0.9}}\left(0.64+0.36\frac{W}{m}\right)^{1.4}}{\gamma H\left(1+\frac{W_{\rm e}}{W_{\rm p}}\right)} \tag{3-44}$$

即：

$$\sigma_{\rm c}=\frac{k_1\gamma H\left(1+\frac{W_{\rm e}}{W_{\rm p}}\right)}{\sqrt{\frac{D}{0.9}}\left(0.64+0.36\frac{W}{m}\right)^{1.4}} \tag{3-45}$$

现场岱庄煤矿 11607 试验工作面埋深 $H=541.6$ m，工作面斜长 $W=W_{\rm p}=120$ m，覆岩容重 $\gamma=0.025$ MN/m^3，为了安全起见，工作面采高取最大煤层厚度，即 $m=2.6$ m，沿空留巷宽度 $W_{\rm e}=4$ m，试样边长为 100 mm。将相应参数代入式(3-45)计算可得 $\sigma_{\rm c}=0.78k_1$。因此，当充填体安全系数 k_1 取 2 时，设计充填体最终强度为 1.6 MPa。

3.4.2 等效巷道的时空效应分析

等效巷道的空间性即等效巷道宽度，等效巷道的时间性即巷道所形成的矿山压力对底板的作用时间。膏体充填工作面推进是一个动态过程，因此，把膏体充填工作面等效成移动的巷道，对其底板破坏深度的分析不仅要考虑其等效宽度，也应考虑其作用时间。

3.4.2.1 等效巷道宽度(空间性)分析

膏体充填材料充入采空区后，由于时间效应，充填体强度及工作面围岩的支撑作用随着充填龄期与膏体材料凝固而逐渐增大。此时，不断向前移动的特殊巷道，即等效巷道的宽度不是传统的工作面控顶距，而是煤壁到充填工作面后方某一位置的距离，该位置充填体强度满足要求。而对于岱庄煤矿 11607 工作面的近距离承压水上开采问题，该强度应满足耐水压强度要求。将足以达到将上覆岩层自重荷载传递给底板，进而平衡底板水压荷载时的充填体强度称为耐水压强度，此时的充填体为等效移动巷道的一帮，则等效移动巷道的宽度为工作面煤壁距该帮的距离。

等效巷道的宽度随着膏体充填工艺的变化而改变，即等效巷道的宽度受到充填步距、工作面日进尺、充填体凝固速度以及充填工作面控顶距等参数的影响，此类参数的改变表现为膏体充填工作面下伏煤岩层破坏深度的改变。

（1）开切眼本身就是一条特殊的巷道，在工作面开切眼掘进后采煤机割煤前，充填工作面的推进过程整体可看作开切眼不断向前推进的过程，即等效巷道宽度为开切眼宽度 $L_{切}$。

（2）当膏体充填工作面推进 1 个充填步距时，相当于对等效移动巷道帮部进行拓宽。当采空区中膏体充填材料未完全凝固前，充填体对围岩不起支撑作用，此时，等效巷道宽度为 $L_{支}+L_{步}$（$L_{步}$ 为一个充填步距，$L_{支}$ 为支架顶梁长度），如图 3-15(a)所示。

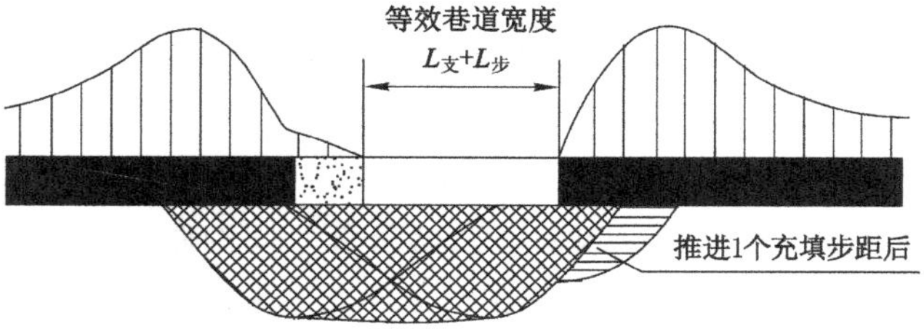

(a) 充填1个步距

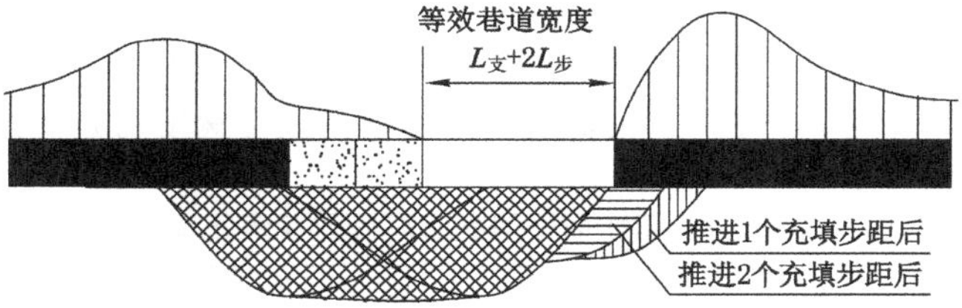

(b) 充填2个步距

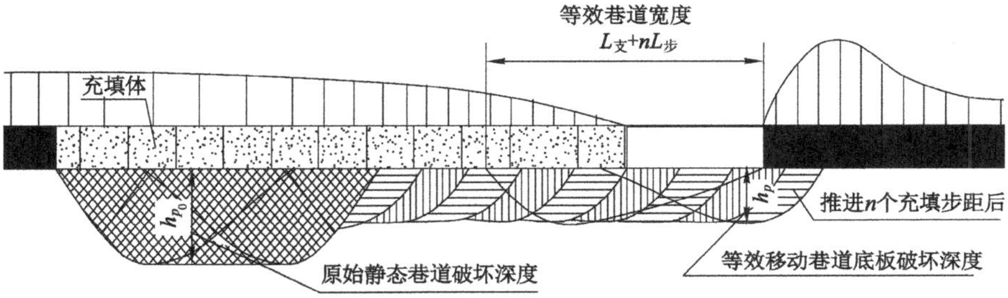

(c) 充填n个步距

图 3-15　等效巷道宽度与底板破坏深度关系

(3) 当膏体充填工作面向前推进 2 个充填步距时，相当于对等效移动巷道帮部继续拓宽。此时，第二个充填条带不起支撑作用，且第 1 个充填条带的龄期为 1 d，此时等效巷道宽度为$(L_{支}+L_{步})\sim(L_{支}+2L_{步})$。为了保证 11607 膏体充填工作面下伏煤岩层在计算破坏深度值下的安全性，等效巷道的宽度最大取$L_{支}+2L_{步}$，如图 3-15(b)所示。

(4) 膏体充填材料充入采空区后，由于时间效应，充填体强度及工作面围岩的支撑作用随着充填龄期与膏体材料凝固而逐渐增大，上覆岩层自重荷载将由充填体传递给底板以平衡底板水压荷载，此时达到耐水压强度的充填体为等效移动巷道的一帮。则等效巷道宽度为 $L_{支}+nL_{步}$（n 为充填体达到耐水压强度所需的天数），如图 3-15(c)所示。

(5) 当工作面完成充填回采工作后撤回液压支架前时，工作面已经停止向前推进，膏体充填材料充入采空区后，由于时间效应，充填体强度及工作面围岩的支撑作用随着充填龄期与膏体材料凝固而逐渐增大，进而使得等效巷道宽度相应减小，膏体充填工作面停采煤壁与充填条带之间的距离为最终等效巷道的宽度。因此，膏体充填工作面等效巷道宽度最大为 $L_{切}+nL_{步}$，最小宽度为开切眼宽度 $L_{切}$。

综上，11607 膏体充填工作面处于不同状态时其等效宽度可汇总于表 3-1 中。由表可知，等效巷道宽度由于膏体充填工作面所处状态不同而存在差异，其最大为 $L_{支}+nL_{步}$，此时膏体充填工作面的底板破坏深度将达到最大值。

表 3-1 工作面不同状态时等效巷道宽度

工作面状态	等效巷道宽度	备注
工作面开采时	$L_{切}$	$L_{切}$为切眼宽度
工作面开采中	$L_{支}+nL_{步}$	n 为充填体达到耐水压强度的天数，$L_{步}$ 为充填步距
工作面停采后	$L_{切}+nL_{步}$ 恢复到 $L_{切}$	工作面到达终采线，等效巷道宽度由 $L_{切}+nL_{步}$ 减小至 $L_{切}$

3.4.2.2 等效巷道作用时间(时间性)分析

巷道围岩松动圈变形是巷道变形的主要组成部分，巷道自变形到变形稳定要经历一个月以上的时间，而膏体充填工作面推进过程等效巷道底板破坏范围的形成也将经历一段时间，具有时间效应。充填工作面底板破坏深度是在将膏体充填工作面等效成移动巷道的基础上得到的，因此，其同样也具有时间效应特征。等效巷道的作用时间主要包括“工作面煤壁开挖＋支架支护＋暴露的待充区待充＋充填体支护＋充填体自身变形与受载后的应力平衡”所经历的时间段，而在此过程中，充填体自身变形与受载后的应力平衡时间与充填体达到耐水压强度的时间相同，随充填工作面向前回采，到充填工作面回采后期，反复采动荷载影响使得达到耐水强度后的充填体也具有时间效应，为分析该段时期充填体的时间效应，对充填体进行实验室蠕变试验。在前期研究过程中，根据岱庄煤矿充填开采试验工作面的现场配比，在实验室对充填材料进行配制并制作试件，制作的试件是高度为 100 mm、直径为 50 mm 的圆柱体，制作完成后将试件放入养护箱养护 28 d，养护完成后对试件的上下两端面打磨平整。本次蠕变试验机为 MTS815.02 型，如图 3-16 所示。

图 3-16 电液伺服岩石力学蠕变试验机

在膏体充填材料蠕变试验过程中，首先等速加载试验机至预设围压值 5 MPa，然后再以预设加载速度等速加载轴向应力到预设值，最后在预设时间内保持轴向应力。根据不同加载速度、保持应力和持续时间，本次充填材料蠕变试验共设计 4 种试验测试方案。根据现场使用膏体充填材料的力学性质，试验加载的应力为 15 MPa。蠕变试验方案具体参数如表 3-2 所列。

表 3-2　蠕变试验方案具体参数

项目	组号			
	1	2	3	4
加载速度/(mm/min)	1	2	4	6
保持应力/MPa	2.5	5	10	15
持续时间/min	300	300	300	300

采用回归分析方法对蠕变试验所测数据进行分析，得出如图 3-17 所示的蠕变特性曲线。通过对膏体充填材料所测试验数据及蠕变特性曲线的分析可得出以下结论。

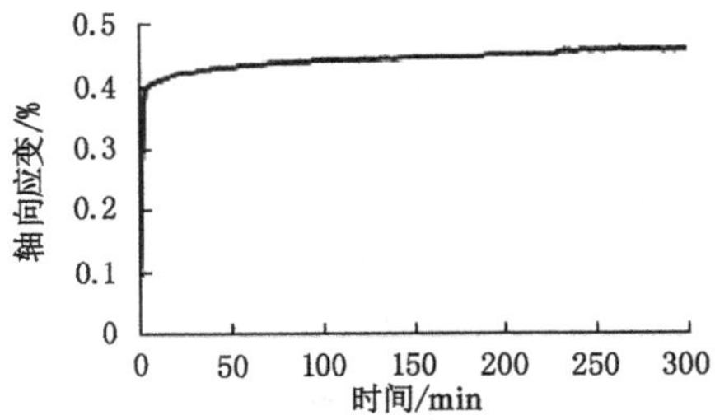

(a) 侧压系数 λ=0.5

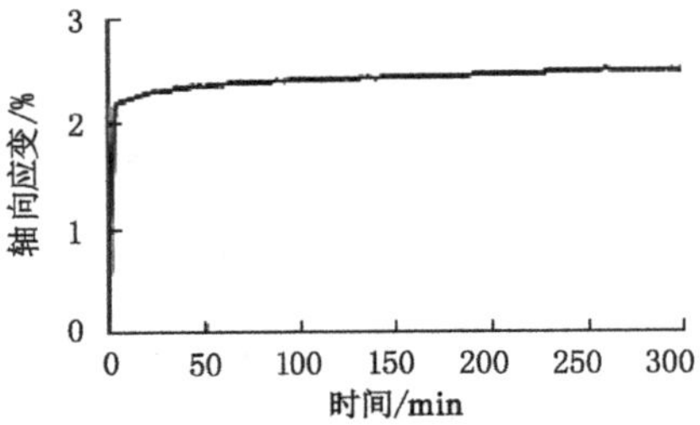

(b) 侧压系数 λ=1

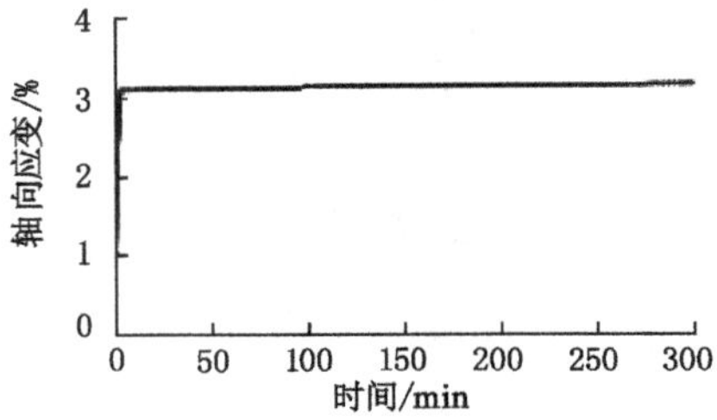

(c) 侧压系数 λ=2

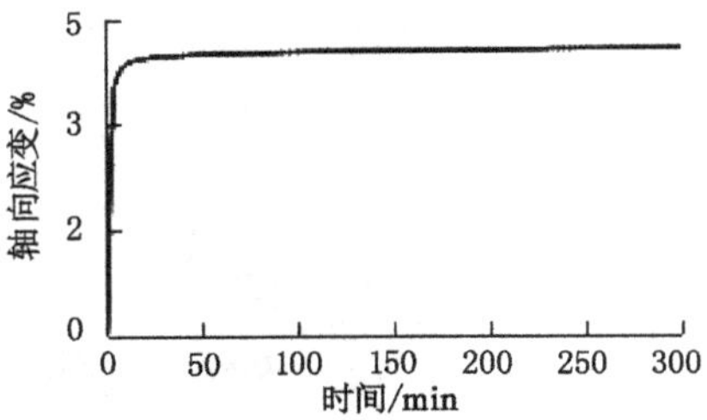

(d) 侧压系数 λ=3

图 3-17　侧压系数变化时充填材料蠕变特性曲线

(1) 在初期加载过程中，膏体充填材料蠕变发展速度极快，但在较短时间内就达到相对稳定状态，当加载 30 min 左右，其蠕变量增长至最后相对稳定状态的 70%；当加载约 3 h 以后，蠕变量增长至最后相对稳定状态的 90%；继续加载，膏体充填材料便达到最后相对稳定的状态。通过分析可知，膏体充填材料充入采空区起初对工作面顶板的支撑属于被动支撑，即随着工作面不断推进，顶板弯曲下沉变形后，充填体强度增加，支撑作用增强，充填体被动接顶产生支撑效果。因此，在井下采空区充填时，要保证采空区的充实率，使充填材料尽量接触顶板，这样工作面顶板在较小的弯曲下沉变形后，便可以与充填体紧密接触，充填体对采空区顶板的支撑作用立显。

(2) 膏体充填材料随着承受荷载的继续增大，其蠕变性能变化不明显，试件变形量占总变形的2%～4%，并且最终趋于某一稳定值。

(3) 在施加围压不变条件下，充填材料的压缩率随侧压系数的增加而增大：当侧压系数 λ 为0.5时，压缩率为0.45%；当侧压系数 λ 为3时，压缩率为3.9%，其压缩率为侧压系数为0.5时的8.7倍。

综上分析可知，膏体充填体在初期加载过程中蠕变急速发展，但在较短时间内就达到相对稳定状态。在三轴应力条件下，膏体充填材料蠕变量不随着承受荷载的增大而发生明显变化，试件的变形量占总变形的比例较小，并且最终膏体充填材料的应变趋于某一稳定值。试验表明膏体充填材料蠕变不明显，所以在分析现场膏体充填体时间效应时，未考虑随着工作面不断向前推进，达到耐水压强度后的充填体在反复采动荷载影响下的时间效应。

若采用垮落法处理采空区，工作面底板将在含水层的承压水水压和矿山压力的共同作用下发生底鼓，底板弯矩和工作面前方的支承压力均逐渐增大；若采用膏体充填法处理采空区，由于充填体强度逐渐增大，一方面限制了顶底板的活动空间，阻止了顶底板的移动变形，另一方面底板隔水层由于充填体将顶板荷载逐步传递给底板而达到受力平衡状态，此时煤壁处破坏深度与底板弯矩均不会继续增大。因此，等效巷道矿山压力作用的时间为“工作面煤壁开挖＋支架支护＋暴露的待充区待采＋充填体支护＋充填体自身变形与受载后的应力平衡”所经历的时间，其计算公式为：

$$T=\frac{L_{支}+tL_{步}}{v} \tag{3-46}$$

式中　$L_{支}$——支架的长度；

v——工作面推进速度；

t——充填体达到耐水压强度所需的时间；

T——等效巷道矿山压力作用时间。

3.4.3　巷道底板破坏深度计算模型

通过对等效巷道的时空效应进行分析，本书建立等效巷道底板破坏深度计算模型，如图3-18所示。

(1) 根据底板塑性破坏区的滑移线场理论确定的底板破坏深度计算公式为：

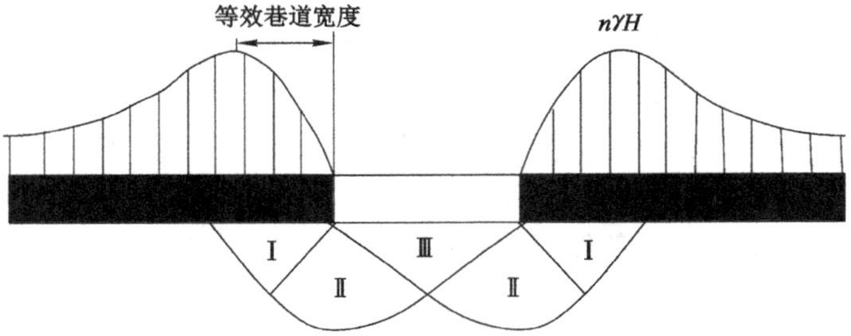

图 3-18　等效巷道底板破坏深度计算模型

$$h_1 = \frac{l_a \cos\varphi}{2\cos\left(\frac{\pi}{4}+\frac{\varphi}{2}\right)} \exp\left[\left(\frac{\pi}{4}+\frac{\varphi}{2}\right)\tan\varphi\right] \tag{3-47}$$

式中　h_1——膏体充填工作面下伏煤岩破坏深度；

l_a——巷道两帮塑性区宽度；

φ——煤层底板内摩擦角。

(2)《建筑物、水体、铁路及主要井巷煤柱留设与压煤开采规范》(以下简称《“三下”开采规范》)统计公式法中的三个公式为：

$$h_1 = 0.7007 + 0.1076L \tag{3-48}$$

$$h_1 = 0.303L^{0.8} \tag{3-49}$$

$$h_1 = 0.0085H + 0.1665\alpha + 0.1079L - 4.3579 \tag{3-50}$$

式中　h_1——膏体充填工作面下伏煤岩破坏深度；

L——等效巷道宽度；

α——煤层倾角；

H——工作面埋深。

(3) 布什曼对下伏煤岩层破坏深度的研究中，提出巷道宽度与下伏煤岩层破坏带的深度紧密相关，巷道宽度与下伏煤岩层的破坏深度关系为：

$$h_1 = NL \tag{3-51}$$

式中　h_1——膏体充填工作面下伏煤岩破坏深度；

L——等效巷道宽度；

N——系数，与岩石强度和埋深有关。

用于计算巷道破坏深度的系数 N 见表 3-3，由表可知：系数 N 随着岩石强度降低而增大，随着埋深增大而增大。

表 3-3 用于计算巷道破坏深度的系数 N

单轴抗压强度 σ_c/MPa	埋深/m	系数 N
	≤100	0.25
20～40	100～250	0.325
	250～500	0.425
50～90		0.2～0.1
≥100		0.1～0.05

注:对于高裂隙性岩石和易于强烈风化岩石,当 $\sigma_c \leqslant 50$ MPa 时,系数 N 应增加 0.5 倍。

3.4.4 试验充填面底板破坏作用时间及深度计算

(1) 当工作面未推进时

开切眼宽度为 6 m,$L=L_{切}=6$ m,煤层最大埋深为 558.3 m,煤层倾角最大为 12°,$N=0.64$(工作面底板岩层抗压强度最小为 19.58 MPa,工作面埋深为 558.3 m 左右,N 应增加 0.5 倍)。

将相关参数代入式(3-48)、式(3-49)、式(3-50),得底板破坏深度为:

$$h_1 = 0.700\ 7 + 0.107\ 6L = 1.35(\text{m})$$

$$h_1 = 0.303L^{0.8} = 1.27(\text{m})$$

$$h_1 = 0.008\ 5H + 0.166\ 5\alpha + 0.107\ 9L - 4.357\ 9 = 3.03(\text{m})$$

将相关参数代入式(3-51),得底板破坏深度为:

$$h_1 = NL = 3.84(\text{m})$$

(2) 工作面推进过程中,支架控顶宽度为 6 m,当充填体 1 d 达到耐水压强度时

① 当充填步距为 1.2 m 时,则 $L=L_{支}+L_{步}=6.0+1.2=7.2$ m,等效巷道作用时间为 6 d。

将相关参数代入式(3-48)、式(3-49)、式(3-50),得底板破坏深度为:

$$h_1 = 0.700\ 7 + 0.107\ 6L = 1.48(\text{m})$$

$$h_1 = 0.303L^{0.8} = 1.47(\text{m})$$

$$h_1 = 0.008\ 5H + 0.166\ 5\alpha + 0.107\ 9L - 4.357\ 9 = 3.16(\text{m})$$

将相关参数代入式(3-51),得底板破坏深度为:

$$h_1 = NL = 4.61(\text{m})$$

② 当充填步距为 1.8 m 时,$L=L_{支}+L_{步}=6+1.8=7.8$ m,等效巷道作用

时间为 4.3 d。

将相关参数代入式(3-48)、式(3-49)、式(3-50),得底板破坏深度为:

$$h_1 = 0.7007 + 0.1076L = 1.54(\mathrm{m})$$

$$h_1 = 0.303L^{0.8} = 1.57(\mathrm{m})$$

$$h_1 = 0.0085H + 0.1665\alpha + 0.1079L - 4.3579 = 3.23(\mathrm{m})$$

将相关参数代入式(3-51),得底板破坏深度为:

$$h_1 = NL = 4.99(\mathrm{m})$$

③ 当充填步距为 2.4 m 时,则 $L=L_{支}+L_{步}=6+2.4=8.4$ m,等效巷道作用时间为 3.5 d 。

将相关参数代入式(3-48)、式(3-49)、式(3-50),得底板破坏深度为:

$$h_1 = 0.7007 + 0.1076L = 1.60(\mathrm{m})$$

$$h_1 = 0.303L^{0.8} = 1.66(\mathrm{m})$$

$$h_1 = 0.0085H + 0.1665\alpha + 0.1079L - 4.3579 = 3.29(\mathrm{m})$$

将相关参数代入式(3-51),得底板破坏深度为:

$$h_1 = NL = 5.38(\mathrm{m})$$

④ 当充填步距为 3.0 m 时,则 $L=L_{支}+L_{步}=6+3.0=9.0$ m,等效巷道作用时间为 3 d。

将相关参数代入式(3-48)、式(3-49)、式(3-50),得底板破坏深度为:

$$h_1 = 0.7007 + 0.1076L = 1.67(\mathrm{m})$$

$$h_1 = 0.303L^{0.8} = 1.76(\mathrm{m})$$

$$h_1 = 0.0085H + 0.1665\alpha + 0.1079L - 4.3579 = 3.36(\mathrm{m})$$

将相关参数代入式(3-51),得底板破坏深度为:

$$h_1 = NL = 5.76(\mathrm{m})$$

⑤ 当充填步距为 3.6 m 时,则 $L=L_{支}+L_{步}=6+3.6=9.6$ m,等效巷道作用时间为 2.7 d 。

将相关参数代入式(3-48)、式(3-49)、式(3-50),得底板破坏深度为:

$$h_1 = 0.7007 + 0.1076L = 1.73(\mathrm{m})$$

$$h_1 = 0.303L^{0.8} = 1.85(\mathrm{m})$$

$$h_1 = 0.0085H + 0.1665\alpha + 0.1079L - 4.3579 = 3.42(\mathrm{m})$$

将相关参数代入式(3-51),得底板破坏深度为:

$$h_1 = NL = 6.14(\mathrm{m})$$

工作面推进过程中,支架控顶宽度为 6 m,当充填体 2 d 达到耐水压强度时,同理可求得不同充填步距对应的等效巷道宽度及底板破坏深度。

综上分析,将底板破坏深度最大值汇总于表 3-4 中。工作面年产量计算时取采高为 2 m，煤视密度为 1.35 t/m³，工作面回采率为 0.97，一年中正常生产天数为 345 d。

由表 3-4 可知，当充填工作面推进速度变化范围为 1.2～3.6 m/d、充填体达到耐水压强度的时间≤2 d 时，底板破坏深度的变化范围为 4.61～8.45 m，变化区间较大，主要是受工作面充填步距和达到耐水压强度的时间 2 个因素影响。当达到耐水压强度的时间为 1 d 时，随着充填步距由 1.2 m 上升至 3.6 m，等效巷道宽度由 7.2 m 增加到 9.6 m，进而使得底板破坏深度由 4.61 m 增加到 6.14 m，即充填步距的增大，等效巷道的宽度增大，导致底板破坏深度增大。当达到耐水压强度的时间为 2 d 时，随着充填步距由 1.2 m 上升至 3.6 m，等效巷道宽度由 8.4 m 增大到 13.2 m，进而使得底板破坏深度由 5.38 m 增大到 8.45 m，即随着充填步距的增大，等效巷道的宽度增大，导致底板破坏深度增大。当工作面充填步距相同、达到耐水压强度的时间由 1 d 增加到 2 d 时，等效巷道宽度随之增大，导致底板破坏深度也增大。综上可知，随着工作面充填步距和达到耐水压强度的时间的增大，等效巷道宽度随之增加，导致底板破坏深度也呈现不断增大的趋势。

表 3-4 不同充填工艺参数的底板破坏深度与产量计算

序号	充填步距/m	日进尺/(m/d)	等效巷道宽度/m	达到耐水压强度的时间/d	等效巷道作用时间/d	工作面产量/(万 t/a)	底板破坏深度/m
1	1.2	1.2	7.2	1	6.0	13.0	4.61
2	1.8	1.8	7.8	1	4.3	19.5	4.99
3	2.4	2.4	8.4	1	3.5	26.0	5.38
4	3.0	3.0	9.0	1	3.0	32.5	5.76
5	3.6	3.6	9.6	1	2.7	39.0	6.14
6	1.2	1.2	8.4	2	7.0	13.0	5.38
7	1.8	1.8	9.6	2	5.3	19.5	6.14
8	2.4	2.4	10.8	2	4.5	26.0	6.91
9	3.0	3.0	12.0	2	4.0	32.5	7.68
10	3.6	3.6	13.2	2	3.7	39.0	8.45

3.5 充填体作用对围岩的影响分析

3.5.1 充填体对围岩应力的影响

(1) 对采场围岩应力的影响。

初始原岩应力的平衡状态由于煤层开采被打破，虽然采用充填体充填采空区填补了煤层开采之后的空间，但是仍不可能阻止采煤引起的采动影响，因此采场围岩应力的二次重新分布不可避免。当采用膏体材料充填采空区后，采出煤体被充填体替代，原岩应力分布发生改变。充填体既可以对采空区顶板覆岩自重荷载起到支撑作用，又可以对煤层开采时由煤壁转移过来的压力起到支撑作用，对采空区围岩变形起到很好的限制作用。充填体强度直接影响采空区围岩应力的分布规律，现场大量充填开采实践表明，充填体强度越大，其承受采空区围岩的荷载越大，而工作面压力越小，采空区上部的压力拱也就越窄。

充填体对围岩应力和底板破坏深度的影响如图 3-19 所示，充填开采区别于传统的垮落法开采，滞后工作面一定距离后，随着采空区充填体的凝固，采空区将形成充填支撑体。工作面后方采空区不断被膏体充填，可以看作只有开切眼在不断向前推进，而开切眼本身就是一条特殊的巷道，且由于开切眼逐步向前推进，其暴露的宽度较小，相比于传统垮落法开采时，等效巷道产生的矿压显现不明显，直接顶未出现周期破断，基本顶未发生周期来压。因此，充填体参与采动应力的重新平衡过程，改善了采空区顶底板的围岩条件。

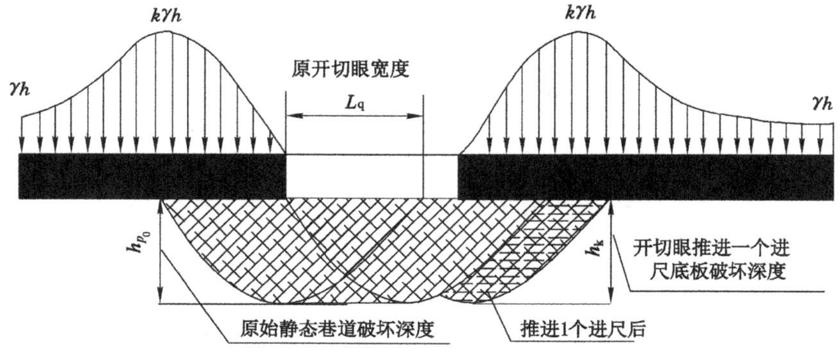

(a) 传统垮落法

图 3-19 充填体对围岩应力和底板破坏深度的影响

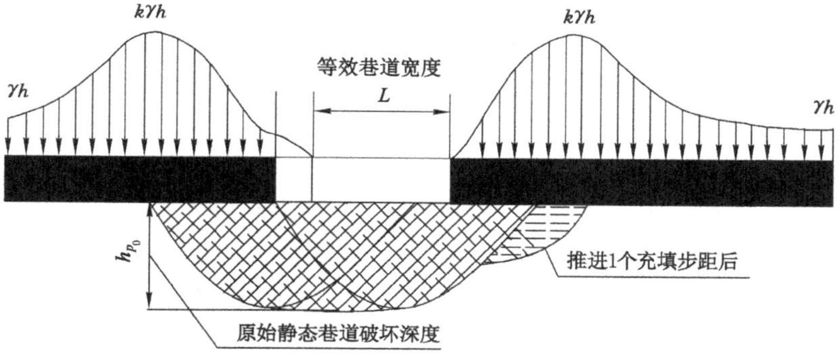

(b) 充填开采（充填1个步距）

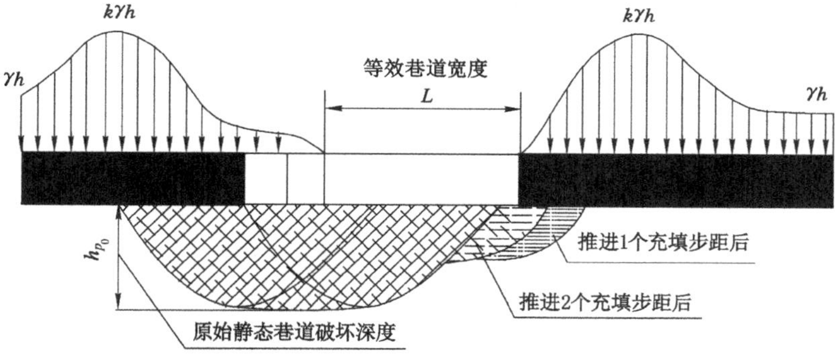

(c) 充填开采（充填2个步距）

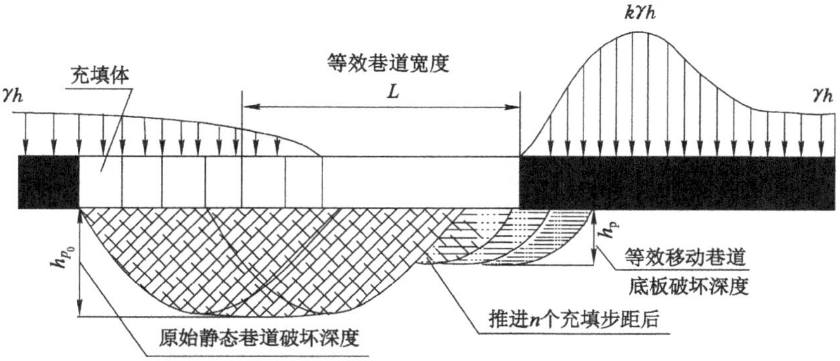

(d) 充填开采（充填n个步距）

图 3-19(续)

(2) 支护作用。

膏体充填体的支护作用主要体现在限制采空区围岩的移动变形和与采空区围岩协同构成承载体两个方面。

(3) 减弱底板的破坏作用。

如图 3-19 所示，随着采空区充填体的凝固，工作面后方采空区将形成底板-充填体-顶板协调承载力学结构，采场围岩应力因为充填体的支撑作用而发生显著改变，充填体在该协调承载力学结构中起中间传递的作用。充填体作为荷载传递介质，将来自顶板的覆岩荷载传递给底板，底板通过充填体对采空区顶板起到支撑作用。在工作面后方采空区，膏体充填体对采空区进行了充填，加入采空区围岩支撑体系中，充当传递荷载、让压和隔离的作用，有效限制了采空区顶板和底板围岩移动的活动空间，从而使得采空区顶板和底板围岩在较短的距离和时间内便可迅速恢复到相对稳定的状态；同时，充填体将改变工作面超前支承应力的分布规律，使得其产生明显的下降。

(4) 工作面后方采空区充填体可以看作底板相对隔水层厚度的增加，有利于底板突水的防治。

3.5.2 充填工艺参数对围岩应力的影响

充填开采工作面影响底板破坏深度的因素包括工作面采高、煤层埋深、底板岩性等。膏体充填开采最重要的工艺参数主要包括充填步距、充填体强度和充填率，直接关系着充填开采对控制地表下沉变形和底板破坏的效果。

(1) 充填步距

现场大量实践表明，工作面长度与下伏煤岩层的破坏深度呈正比例关系，但当工作面长度增大到一定值后，下伏煤岩层的破坏深度将不再继续增大。当矿井存在承压水突水危险时，下伏煤岩层的破坏深度将随着工作面控顶距的增大而逐渐增大。因此，岱庄煤矿在设计 11607 工作面的充填步距时，除了需要充分考虑矿井充填系统的能力和顶底板围岩性质外，还需要重点考虑工作面下伏煤岩层的破坏深度，防止底板承压水含水层发生突水事故。

(2) 充填体强度

采用充填开采技术时，充填体必须具有足够的强度，因为它不仅要充当将上覆岩层自重应力转移到底板的中介而且充填体自身也要具有足够的稳定性。应该将充填体与围岩的刚性控制在合适的范围内，使得作用在充填体的大部分上覆岩层自重荷载都能传递到底板，避免充填体遭受破坏，也能降低采场围岩的荷载，有利于改善采场围岩的稳定性。

(3) 充填率

采用膏体充填开采技术时，充填率直接影响着采场转移应力和围岩的状态，充填体欠接顶量与采空区充填率密切相关。当充填率较高，充填体充分接顶时，充填体可以降低应力集中系数，承受来自上覆岩层自重的荷载，达到控制下伏煤岩层破坏深度的目的。相反，当充填率较低，充填体接顶不充分时，采空区上方覆岩顶板将随着工作面不断向前推进而发生破断垮落下沉，采场矿山压力出现较大变化，围岩达到稳定状态的时间较长，使得支承压力和应力集中系数都发生显著增大，由于顶板-充填体-底板为有机的支撑体系，随着塑性破坏区向煤壁深处发育扩展，上覆岩层下沉破坏加剧并通过煤层传递到下伏煤岩层，从而增大下伏煤岩层破坏的深度。

综上所述，为了研究分析工作面下伏煤岩层破坏深度的影响因素，当采用充填开采技术时，需要对不同充填率、充填体强度和充填步距对下伏煤岩层破坏深度的影响进行重点研究分析。本书将在第6章针对11607膏体充填工作面下伏煤岩层破坏深度与充填工艺参数（充填率、充填体强度）之间的关系进行研究分析，以期为在近距离高承压水上采煤条件下采用膏体充填技术控制下伏煤岩层破坏方面的课题研究提供一定的参考和指导。

3.6 本章小结

本章在11607工作面底板十三灰含水层和奥灰含水层注浆改造的基础上，采用了膏体充填开采近距离承压水上煤层。通过分析充填体作用机理、充填采煤底板应力分布与破坏特征，基于等价采高与等效巷道理论分别对承压水上充填采煤底板破坏深度进行实例计算分析，并得到如下结论。

（1）基于等价采高承压水上充填采煤底板破坏深度实例计算：11607充填工作面的等价采高 m_d 为0.39～0.49 m，初步判定试验工作面下伏煤岩层破坏深度为2.5～3.0 m。

（2）提出了耐水压强度的概念：随着充填体凝固，其对顶板的支撑作用增强，充填体承受的荷载也随之增加，采空区下伏隔水层由于充填体承受的荷载增加到底板承压水的水压而处于临界受力平衡状态，该临界受力平衡状态叫作平衡水压力状态。充填体强度在平衡水压力状态时所承受的荷载强度，叫作耐水压强度。当采空区采用膏体材料充填后，充填体凝固形成承载结构，对顶底板起到支护作用，充填体受力从零逐渐增加到原岩应力水平，而当充填体受力达到能够平衡底板水压的水平时，底板就失去突水危害性，此时充填体传递给底板的压力水平为平衡水压力水平。

（3）基于等效巷道承压水上充填采煤底板破坏深度实例计算：11607 膏体充填工作面推进速度在 1.2～3.6 m/d 的范围内变化，充填体达到耐水压强度所需的时间小于或等于 2 d 的情况下，11607 膏体充填工作面底板破坏深度为 4.61～8.45 m，此时底板破坏深度变化区间较大，主要原因是等效巷道宽度随着工作面充填步距和达到耐水压强度的时间的增加而增大，进而导致底板破坏深度呈现不断增大的趋势。

4　充填开采底板隔水关键层的结构与渗流稳定性力学分析

4.1　底板突水条件与特征

矿井地下水根据其贮存深度归类为承压水和潜水。承压水指通过静水压力流动的重力水，贮存在两隔水层间。承压水的流动和自来水的流动原理一样，通过水头压力作用把水从压力高的位置传递到压力低的位置，所以承压含水层都具备水头压力。承压水具备以下三个性质。

（1）承压水的分布点和补给点的位置不相同，因为承压含水层受到上部隔水层的限制，使得地表水或降水不能直接到达分布点，而是先到达补给区再进入分布点。

（2）承压水在上下两隔水层的挤压作用下形成静水压力，当该压力超过临界值，且上部隔水层条件合适时，便会发生煤层底板突水。

（3）承压水与大气圈、地表圈之间被隔水层隔离，其与外界联系较弱，因此承压水受到外界水文或气候等因素的影响较小，在未进行煤层开采时承压水通常都保持相对稳定的状态。

岱庄煤矿井田地层区划属华北地层区鲁西南分区济宁小区，属全隐蔽的华北型石炭-二叠纪煤田，煤系以中奥陶统为基底。1160 采区主要可采煤层为 $16^{\#}$、$17^{\#}$煤层，对开采有影响的主要含水层有十$_{下}$灰、十三灰及奥灰含水层。十三灰含水层较厚且稳定，物性特征明显，是良好的标志层，且本组黏土岩所占比例较大，对下伏奥灰水有较好的压盖隔水作用，与下伏中下奥陶统石灰岩呈假整合接触。现场开采实践表明，承压水上采煤底板发生突水的基本条件包括充水途径、充水水源和充水强度。

4.1.1　充水途径

受煤层采动的影响，底板隔水层在下部承压水压和上部矿山压力共同作用下将自上而下产生底板破坏带、底板完整隔水带以及原始导升高度带。隔水岩层自身的强度直接影响隔水层三带的产生和范围，常见隔水岩层包括裂隙破碎带以及灰岩、页岩、砂质页岩、砂岩。根据现场开采经验可知，当隔水层厚度小于 20 m 时，承压水压和矿山压力共同作用使得底板隔水层向采空区隆起变形，隔水层发育的新生裂隙与原始导升裂隙联通而出现导水通道，进而诱发底板突水。另外，裂隙破碎带、陷落柱、断层、封孔不良等其他地质构造或人为因素也是造成底板突水的主要充水途径。

4.1.2　充水水源

岱庄煤矿以中奥陶统为煤系基底，属于全隐蔽的华北型石炭-二叠纪煤田，煤层下伏岩层主要为奥陶系石灰岩，而石灰岩的岩性较弱，溶洞和溶隙大量发育，形成大量的地下暗河和贮水空隙，使得含水层拥有丰富的动态补给水和静态储水。充足的水源是底板发生突水的内在因素，充水水源直接决定底板的突水量。

4.1.3　充水强度

岱庄煤矿 1160 采区内对 $16^{\#}$、$17^{\#}$ 煤层开采有影响的主要含水层有十$_{下}$灰、十三灰及奥灰含水层，含水层的水头压力和充水通道截面积是影响充水强度的关键因素。突水地点的水流速是充水强度的评价指标。现场探查表明，$16^{\#}$ 煤层距离底板最近的含水层为十三灰含水层，距离为 13.5～35.0 m，相对变化幅度较大，平均距离为 21.6 m。十三灰含水层厚度为 1.75～10.34 m，平均厚度为 4.03 m，局部有泥岩夹层，分布比较稳定。十三灰含水层水质类型为 SO_4-Ca(Mg)，单位涌水量为 0.001～0.178 L/(s·m)，渗透系数为 0.27～0.36 m/d，矿化度为 0.760～2.496 g/L，属于溶穴裂隙承压水，且局部富水性较强、富水性不均匀。揭露的十三灰含水层平均水压为 4.23 MPa。奥灰含水层位于十三灰含水层下方，距离 $16^{\#}$ 煤层底板距离为 39.6～77.5 m，采区中部位置距 $16^{\#}$ 煤层距离最大。根据大口径群孔抽水现场试验，奥陶系灰岩含水层的平均厚度为 46.1 m，具有水压高、富水性不均匀、补给条件充沛的特点，属 SO_4·HCO_4-Ca·Mg 水质类型，最大单位涌水量达 6.433 4 L/(s·m)，正常单位涌水量为 0.0151～3.089 L/(s·m)，渗透系数为 0.0278～2.481 2 m/d，矿化度为 1.180 4～2.975 5 g/L。奥灰含水层水压变动幅度较小，为 4.55～5.10 MPa，平均水压为 4.83 MPa。

大量实践研究得出，当开采煤层与承压水之间垂距小于 30 m，煤层开采时受承压含水层的显著影响时，属于近距离承压含水层上采煤条件，同时当含水层的水压超过 3 MPa 时，属于高承压含水层开采条件。岱庄煤矿区域内断层构造分布广泛，含水层之间裂隙发育，导致含水层相互联系密切。现场放水试验显示，奥灰含水层富水性强，且与十三灰含水层有着较强的水力联系，可以为后者提供补给，为后者的间接充水水源。因此，奥灰含水层也是11607试验工作面带压开采的最大威胁。奥灰含水层的充水强度一般比较大，一旦发生底板突水常会导致淹井事故。

4.2　充填开采底板隔水关键层的作用机理

4.2.1　充填开采底板隔水关键层分析

煤层被采出后，煤岩层的原始状态被打破，原岩应力重新分布，岩层发生协调变形和移动。在顶板破断垮落充填采空区的过程中，采空区顶板和底板将分别形成“上三带”和“下三带”。当底板破裂带产生的损伤破坏裂隙的层位达到下部隔水关键层时，底板承压水导升带将通过隔水关键层内部产生的导水裂隙发生渗流失稳，进而导致采煤工作面发生底板突水事故。然而当采空区采用膏体材料充填后，充填体凝固形成承载结构，对工作面的顶底板围岩进行及时支护。膏体充填工作面相较于垮落法开采时其矿压显现不明显，直接顶未出现周期破断，基本顶未发生周期来压。因此，在采空区膏体充填体的作用下，采空区上覆岩层和底板岩层的变形与移动大幅度降低，从而有利于弱化采空区顶板和底板分别形成的“上三带”和“下三带”。大量现场实践得出，采空区的充实率与底板隔水关键层的完整性有直接关系，当采空区的充实率较高时，采空区上覆岩层和底板岩层的变形与移动明显降低，从而弱化底板隔水关键层的裂隙发育和破坏程度。另外，在充填体与覆岩荷载的共同作用下，隔水关键层产生的导水裂隙发生闭合压实，使得突水通道被封闭，从而达到防治承压水上采煤底板突水的效果。综上分析可知，采用膏体充填开采方法处理采空区时，不仅有利于改善煤层开采的前期围岩环境，大大限制隔水关键层发生结构性破坏，而且有利于底板岩层在恢复稳定过程中导水裂隙被修复闭合和压实。

采用常规垮落法和充填法开采处理采空区的顶底板围岩裂隙演化规律差异性示意如图4-1所示。由图4-1可知，为达到近距离高承压水上采煤的安全、高效性的目的，可以通过使用特殊的开采手段和技术方法，实现煤层开采过程中随时间效应的采场围岩状态的修复和改性。底板隔水关键层的“关键”在于以隔水关键层为保护对象，通过采取充填开采的技术手段，分析充填体材料的相关特性，通过提高采空区的充实率，形成对底板隔水关键层有利的围岩环境，使得隔水关键层内部在采动影响下不产生结构性破坏或渗流失稳，进而达到近距离高承压水上采煤的安全、高效性目的。

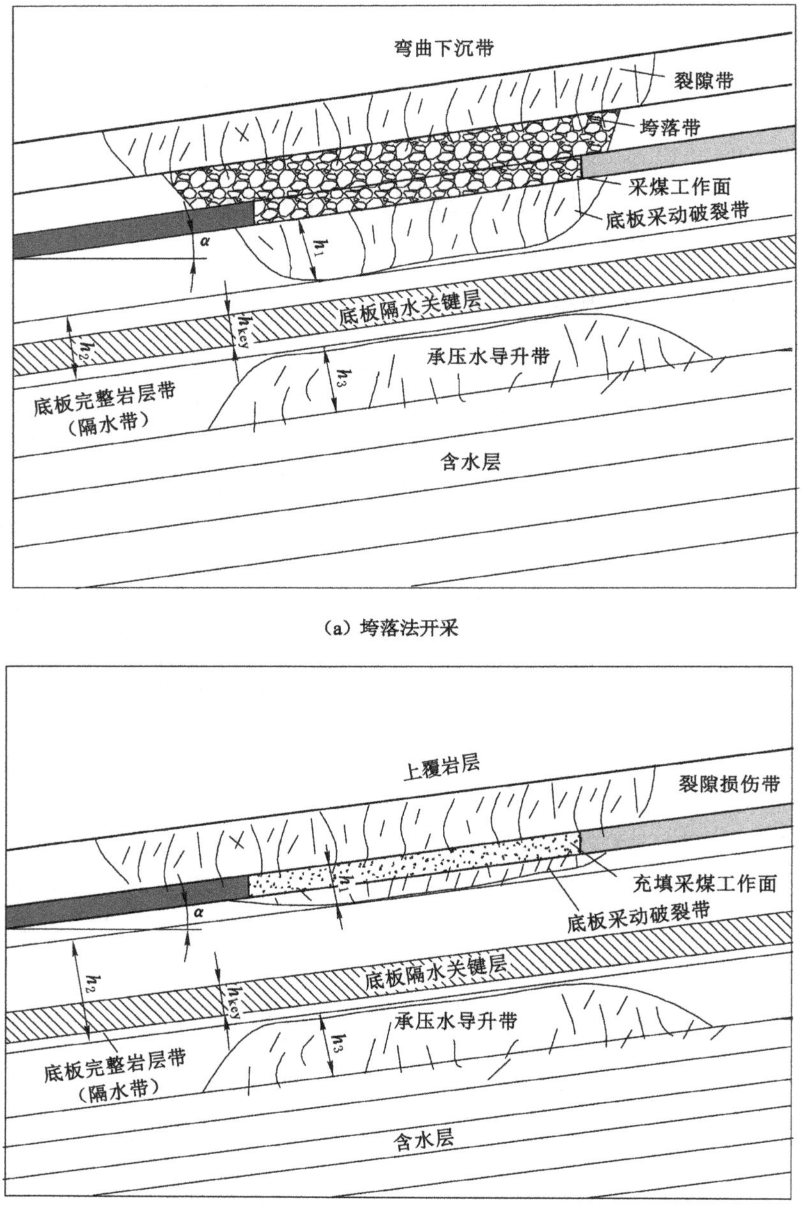

(a) 垮落法开采

(b) 充填法开采

h_1—采动破裂带厚度；h_2—隔水带厚度；h_3—承压水导升带厚度；h_{key}—隔水关键层厚度。

图 4-1　顶底板围岩裂隙演化规律差异性示意图

根据采空区充实率的不同,对比分析底板隔水关键层的围岩环境,采空区底板隔水关键层损伤状态如图4-2所示。由图4-2可知,要实现近距离高承压水上采煤的安全、高效性目的,可以通过充填开采技术形成对隔水关键层有利的围岩环境,使得隔水关键层内部在采动影响下不产生结构性破坏或渗流失稳,或者受采动影响导致结构性破坏后,底板岩层在恢复稳定过程中导水裂隙被修复闭合。而如果底板没有隔水关键层、含原生裂隙发育等特殊地质水文条件,为了稳定底板的原生态水位,可以采取底板注浆加固改造岩层或采用隔水性充填材料等措施人为加固底板隔水关键层,从而达到封堵地下水渗流的目的。充填开采对底板隔水关键层的影响包括以下两个方面。

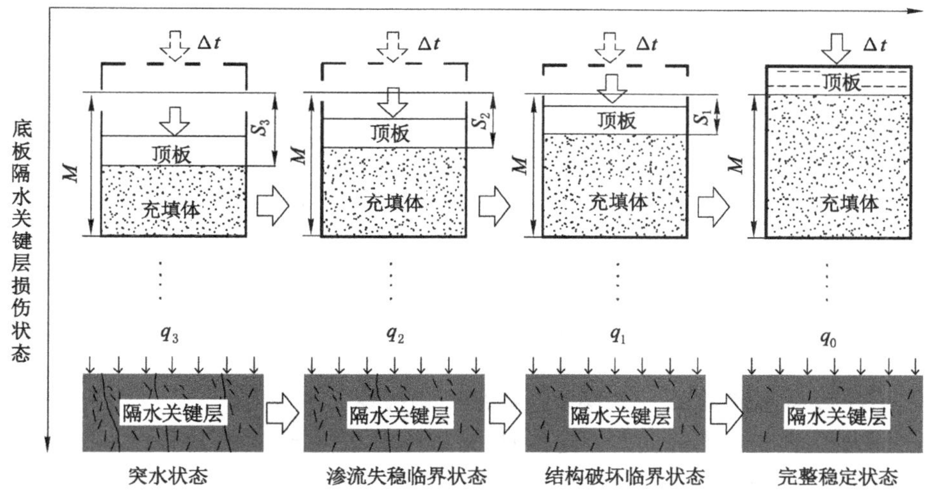

图4-2 不同充实率时隔水关键层损伤状态

(1) 保护和修复矿井地下水环境。采空区采用膏体材料充填后,充填体凝固形成承载结构,对顶底板起到支护作用,限制采空区顶底板岩层的变形和移动,从而弱化底板隔水关键层的裂隙发育和破坏程度,有利于稳定隔水关键层的结构完整性,从而降低对底板含水层地下水环境的影响,进而实现近距离高承压水上采煤的安全、高效性目的,同时保护和修复矿井地下水环境。

(2) 揭示承压水上充填采煤的本质。对于矿井承压水上采煤而言,其关键在于底板隔水关键层,而地下水环境和地应力场是组成隔水关键层赋存环境的关键因素。煤层回采过程中,受采动影响,采场围岩应力二次重新分布,从而引发围岩裂隙损伤、变形和破坏的动态演变。底板承压水的作用主要体现在形成承压水环境和影响岩体的力学性质两个方面。承压水上充填采煤的本质是维护有利的采矿围岩环境，从而实现承压水上采煤的安全、高效性目的，及矿井水资源保护和修复。

4.2.2 充填体与隔水关键层相互作用关系

采空区的充实率与隔水关键层结构和渗流稳定性有直接关系，根据图 4-2 将采动影响对隔水关键层的破坏损伤状态进行分类。

(1) 未发生渗流突水-底板隔水关键层结构完整

当充填膏体材料充入采空区，且充实率较高时，由于时间效应，充填体强度增加。充填体一方面对采空区顶底板逐渐起到支撑作用，另一方面对采场围岩应力进行传递转移。充填体的存在有效限制了采空区上覆岩层和底板岩层的变形与移动，弱化了采空区顶板和底板分别形成的“上三带”和“下三带”，有利于底板隔水关键层的结构保持完整，隔水关键层仅发生较小的挠曲变形而未出现内部结构性的损伤破坏，此时隔水关键层的隔水性能较好。

(2) 未发生渗流突水-底板隔水关键层结构破坏

随着采空区的充实率降低，充填体对采空区顶底板起到一定支撑和传递转移荷载的作用，采空区上覆岩层和底板发生变形与移动，此时，隔水关键层内部结构损伤裂隙发育，但其未发生破断且在原来层位排列整齐，底板岩层在恢复稳定过程中导水裂隙被修复闭合和压实，使其底板岩层的渗流系统处于临界突水状态以下的趋于稳定过程的修复状态。

(3) 发生渗流突水-底板隔水关键层结构破坏

采空区的充实率降低到一定值时，充填体对采空区顶底板的支撑和传递转移荷载的作用变差，采空区上覆岩层和底板岩层发生明显变形与移动，充填体对于创造有利于采矿围岩环境的效果变差，采空区顶底板的破坏特征与常规垮落法采煤相似，底板隔水关键层内部结构发生明显损伤裂隙和破断，其内部产生有效突水裂隙通道，进而诱发工作面底板突水事故。

综上分析可知，采用充填开采时，充填体凝固形成承载体，对采空区顶底板起到支撑和传递转移荷载的作用，有效限制了采空区上覆岩层和底板岩层的变形与移动，从而有效控制底板隔水关键层的挠曲变形与破坏。而采空区的充实率是直接影响底板隔水关键层结构性稳定和发生非线性渗流失稳的主控因素，且由于受到采矿围岩环境和充填体的耦合作用，底板隔水关键层直接影响其渗流性与保水性能。因此，有必要综合研究和判别采空区充实率与底板隔水关键层结构和渗流稳定性之间的关系，从而得出定量的分析和描述。

4.3 充填开采底板隔水关键层的结构稳定性分析

4.3.1 充填开采底板隔水关键层力学模型

近距离承压水上缓倾斜煤层采场示意如图 4-3 所示，随着煤层回采，初始稳定的原岩应力场平衡被打破，使得顶底板围岩产生变形与破坏，在应力转移与转化、寻求新的平衡的过程中，将在采场前方一定范围内产生应力集中现象，中部形成应力降低范围。当底板采动破裂带产生的损伤裂隙的层位达到下部隔水关键层时，底板承压水导升带将通过隔水关键层内部产生的导水裂隙，当承压水导升带深度达到底板含水层时，将发生渗流失稳，进而导致采煤工作面发生底板突水事故；当承压水导升带发育深度未达到底板含水层时，采空区底板隔水关键层未遭受完全破坏，与含水层之间仍然存在部分完整岩层，如图 4-4 所示。假如剩余完整岩层对含水层水压仍能起到阻抗效果，则底板不会发生突水；反之，则会发生突水。

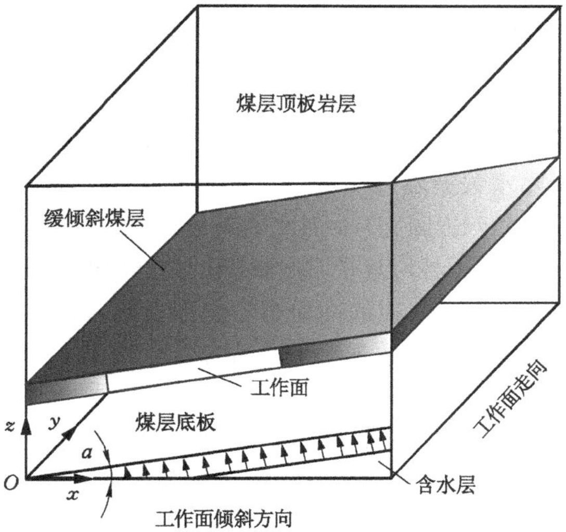

图 4-3 近距离承压水上缓倾斜煤层采场示意图

由于煤层被采出后煤岩层的原始状态被打破，在顶板破断垮落充填采空区的过程中，采空区底板将形成“下三带”。将图 4-4 中底板隔水关键层[完整岩层带(隔水带)]单独进行分析，构建缓倾斜煤层近距离承压水上采煤底板隔水关

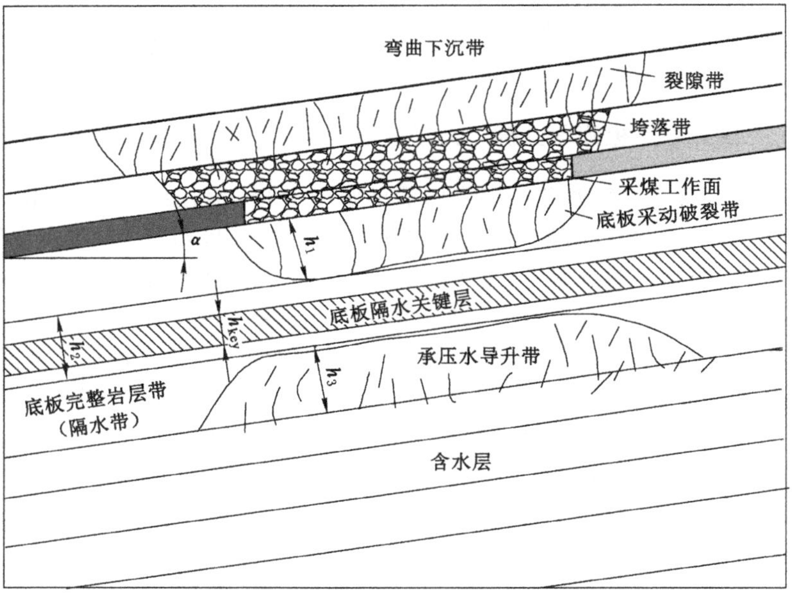

h_1—采动破裂带厚度；h_2—隔水带厚度；h_3—承压水导升带厚度；h_{key}—隔水关键层厚度。

图 4-4 底板隔水关键层（完整岩层带）剖面示意图

键层的力学分析模型，如图 4-5 所示。底板隔水带厚度 h_2 大于底板隔水关键层厚度 h_{key}，构建底板隔水关键层力学分析模型如图 4-5(a)所示。假设底板隔水关键层体力为 G(简化为四边固支)，α 为水平夹角，a 为在 x 轴上的长度，b 为在 y 轴上的长度。忽略采空区顶板垮落带对底板隔水关键层的影响，构建如图 4-5(b)所示的底板隔水关键层沿 y 方向的剖面力学模型。此时，作用在底板隔水关键层上表面的荷载 q 为底板裂隙带加上底板完整岩层带中减去隔水关键层厚度(厚度为 $h_1+h_2-h_{key}$)岩层的纵向荷载；$p(y)$为作用在底板关键层下表面承压含水层的水压，其水压为梯度荷载，荷载的梯度与区段垂高成正比。

$$\begin{cases} q_1 = q\cos\alpha = \gamma(h_1 + h_2 - h_{key})\cos\alpha \\ q_2 = q\sin\alpha = \gamma(h_1 + h_2 - h_{key})\sin\alpha \\ G_1 = G\cos\alpha = \gamma\cos\alpha \\ G_2 = G\sin\alpha = \gamma\sin\alpha \\ p(y) = \dfrac{\Delta p}{b}y + p_0 \\ \Delta p = \rho g\Delta H = \rho g b\sin\alpha \end{cases} \tag{4-1}$$

式中　ΔH——工作面区段垂高；

q_1，q_2——垂直和平行作用在隔水层上表面的荷载；

γ——底板岩体平均容重；

G_1，G_2——垂直和平行作用在隔水层的体力；

Δp——工作面区段两端底板水压差；

p_0——工作面上部回采巷道底板含水层的水压；

ρ——水的密度；

g——重力加速度；

α——水平夹角。

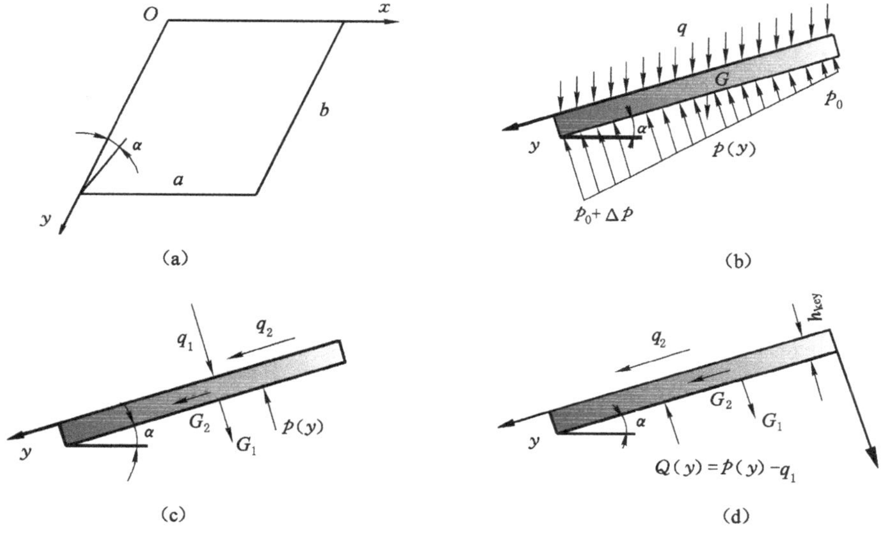

图 4-5　缓倾斜煤层底板隔水关键层力学分析模型

线性叠加平行和垂直作用在底板隔水关键层上的荷载，如图 4-5(d)所示，通过底板隔水关键层的力学模型进行力学分析，理论估算其阻抗承压水水压的能力，进而对底板突水进行预测。

4.3.2　充填开采底板隔水关键层的挠度

研究表明：矩形板仅承受纵向荷载，无横向荷载，则不发生横向挠曲变形；当矩形板仅承受横向荷载时，将发生横向挠曲变形，若再承受一个纵向荷载，此时矩形板的挠曲变形将进一步增加。通过受力分析可得，将底板隔水关键层看作四边固支，则其挠度函数如下：

$$w=\sum_{m=1}^{\infty}\sum_{n=1}^{\infty}a_{mn}^{3}y\sin^{2}\left(\frac{m\pi x}{a}\right)\sin^{2}\left(\frac{n\pi y}{b}\right) \tag{4-2}$$

假定隔水关键层承受纵向和横向荷载的共同作用，则其挠度函数变为：

$$w=\sum_{m=1}^{\infty}\sum_{n=1}^{\infty}a_{mn}y\sin^{2}\left(\frac{m\pi x}{a}\right)\sin^{2}\left(\frac{n\pi y}{b}\right) \tag{4-3}$$

将底板隔水关键层看作四边固支，根据其挠度函数 w 得到该荷载条件下隔水关键层的形变势能 U 为：

$$\begin{aligned}U&=\frac{D}{2}\iint\left\{\left(\frac{\partial^{2}w_{2}}{\partial x^{2}}+\frac{\partial^{2}w_{2}}{\partial y^{2}}\right)^{2}-2(1-\mu)\left[\frac{\partial^{2}w_{2}}{\partial x^{2}}\frac{\partial^{2}w_{2}}{\partial y^{2}}-\left(\frac{\partial^{2}w_{2}}{\partial x\partial y}\right)^{2}\right]\right\}\mathrm{d}x\mathrm{d}y\\&=\frac{D}{2}\sum_{m=1}^{\infty}\sum_{n=1}^{\infty}(a_{mn})^{2}\int_{0}^{a}\int_{0}^{b}\left[\frac{2m^{2}\pi^{2}}{a^{2}}y\sin^{2}\left(\frac{n\pi y}{b}\right)\cos\left(\frac{2m\pi x}{a}\right)+\frac{2n\pi}{b}\sin\left(\frac{2n\pi y}{b}\right)\sin^{2}\left(\frac{m\pi x}{a}\right)+\right.\\&\qquad\left.\frac{2n^{2}\pi^{2}}{b^{2}}y\cos\left(\frac{2n\pi y}{b}\right)\sin^{2}\left(\frac{m\pi x}{a}\right)\right]^{2}\mathrm{d}x\mathrm{d}y\\&=\frac{D}{2}\sum_{m=1}^{\infty}\sum_{n=1}^{\infty}(a_{mn})^{2}\frac{ab}{4}\left[\left(\frac{m\pi}{a}\right)^{4}b^{2}\left(1-\frac{15}{8n^{2}\pi^{2}}\right)+\left(\frac{n\pi}{b}\right)^{2}\left(n^{2}\pi^{2}+\frac{15}{8}\right)+\left(\frac{m\pi}{a}\right)^{2}\left(\frac{2}{3}n^{2}\pi^{2}-\frac{1}{4}\right)\right]\\&=\frac{Dab}{8}\sum_{m=1}^{\infty}\sum_{n=1}^{\infty}(a_{mn})^{2}\left[\left(\frac{m\pi}{a}\right)^{4}b^{2}\left(1-\frac{15}{8n^{2}\pi^{2}}\right)+\left(\frac{n\pi}{a}\right)^{2}\left(n^{2}\pi^{2}+\frac{15}{8}\right)+\left(\frac{m\pi}{a}\right)^{2}\left(\frac{2}{3}n^{2}\pi^{2}-\frac{1}{4}\right)\right]\end{aligned} \tag{4-4}$$

如图 4-5(d)所示，隔水关键层的横向荷载 $Q(y)$ 做功为：

$$\begin{aligned}\Omega_{1}&=-\iint Q(y)w\mathrm{d}x\mathrm{d}y=-\iint[p(x)-q_{1}]w\mathrm{d}x\mathrm{d}y=-\iint\left(\frac{\Delta p}{b}y+p_{0}-q_{1}\right)w\mathrm{d}x\mathrm{d}y\\&=-\sum_{m=1}^{\infty}\sum_{n=1}^{\infty}a_{mn}\left[\int_{0}^{a}\int_{0}^{b}\frac{\Delta py}{b}y\sin^{2}\left(\frac{m\pi x}{a}\right)\sin^{2}\left(\frac{n\pi y}{b}\right)\mathrm{d}x\mathrm{d}y+\right.\\&\qquad\left.\int_{0}^{a}\int_{0}^{b}(p_{0}-q_{1})y\sin^{2}\left(\frac{m\pi x}{a}\right)\sin^{2}\left(\frac{n\pi y}{b}\right)\mathrm{d}x\mathrm{d}y\right]\\&=-\frac{ab^{2}}{8}\sum_{m=1}^{\infty}\sum_{n=1}^{\infty}a_{mn}\left[\Delta p\left(\frac{2}{3}-\frac{1}{n^{2}\pi^{2}}\right)+p_{0}-q_{1}\right]\end{aligned} \tag{4-5}$$

假定隔水关键层的纵向荷载 q_2 为沿着 y 轴的内力 N_y，则纵向荷载 q_2 做功为：

$$\begin{aligned}\Omega_{2}&=\frac{1}{2}\iint N_{y}\left(\frac{\partial w}{\partial y}\right)^{2}\mathrm{d}x\mathrm{d}y\\&=\sum_{m=1}^{\infty}\sum_{n=1}^{\infty}(a_{mn})^{2}\int_{0}^{a}\int_{0}^{b}\frac{q_{2}y}{2}\left[\sin^{2}\left(\frac{m\pi x}{a}\right)\sin^{2}\left(\frac{n\pi y}{b}\right)+\frac{n\pi}{b}y\sin^{2}\left(\frac{m\pi x}{a}\right)\sin^{2}\left(\frac{n\pi y}{b}\right)\right]^{2}\mathrm{d}x\mathrm{d}y\\&=\frac{2ab^{2}q_{2}}{128}\sum_{m=1}^{\infty}\sum_{n=1}^{\infty}(a_{mn})^{2}\left(n^{2}\pi^{2}-\frac{9}{4}\right)\end{aligned} \tag{4-6}$$

隔水关键层的体力 G 做功为：

$$
\begin{aligned}
\Omega_3 &= \iiint G_1 w \mathrm{d}x\mathrm{d}y\mathrm{d}z + \frac{1}{2}\iiint G_2 y\left(\frac{\partial w}{\partial y}\right)^2 \mathrm{d}x\mathrm{d}y\mathrm{d}z \\
&= \sum_{m=1}^{\infty}\sum_{n=1}^{\infty} a_{mn}\int_0^a\int_0^b\int_{-h_{\mathrm{key}}/2}^{h_{\mathrm{key}}/2} G_1 y\sin^2\left(\frac{m\pi x}{a}\right)\sin^2\left(\frac{n\pi y}{b}\right)\mathrm{d}x\mathrm{d}y\mathrm{d}z + \\
&\quad \sum_{m=1}^{\infty}\sum_{n=1}^{\infty}(a_{mn})^2\int_0^a\int_0^b\int_{-h_{\mathrm{key}}/2}^{h_{\mathrm{key}}/2}\frac{G_2 y}{2}\left[\sin^2\left(\frac{m\pi x}{a}\right)\sin^2\left(\frac{n\pi y}{b}\right)+\frac{n\pi y}{b}\sin^2\left(\frac{m\pi x}{a}\right)\sin\left(\frac{n\pi y}{b}\right)\right]^2\mathrm{d}x\mathrm{d}y\mathrm{d}z \\
&= \frac{ab^2 G_1 h_{\mathrm{key}}}{8}\sum_{m=1}^{\infty}\sum_{n=1}^{\infty}a_{mn} + \frac{3ab^2 G_2 h_{\mathrm{key}}}{128}\sum_{m=1}^{\infty}\sum_{n=1}^{\infty}a_{mn}\left(n^2\pi^2-\frac{9}{4}\right)
\end{aligned}
\tag{4-7}
$$

综述分析可得，缓倾斜煤层开采后采空区底板隔水关键层的总位能 $\prod$ 为：

$$
\begin{aligned}
\prod &= U-\Omega_1-\Omega_2-\Omega_3 \\
&= \frac{Dab}{8}\sum_{m=1}^{\infty}\sum_{n=1}^{\infty}(a_{mn})^2\left[\left(\frac{m\pi}{a}\right)^4 b^2\left(1-\frac{15}{8n^2\pi^2}\right)+\left(\frac{n\pi}{b}\right)^2\left(n^2\pi^2+\frac{15}{8}\right)+\left(\frac{m\pi}{a}\right)^2\left(\frac{2}{3}n^2\pi^2-\frac{1}{4}\right)\right]+ \\
&\quad \frac{ab^2}{8}\sum_{m=1}^{\infty}\sum_{n=1}^{\infty}a_{mn}\left[\Delta p\left(\frac{2}{3}-\frac{1}{n^2\pi^2}\right)+p_0-q_1\right]-\frac{3ab^2 q_2}{128}\sum_{m=1}^{\infty}\sum_{n=1}^{\infty}(a_{mn})^2\left(n^2\pi^2-\frac{9}{4}\right)- \\
&\quad \frac{ab^2 G_1 h_{\mathrm{key}}}{8}\sum_{m=1}^{\infty}\sum_{n=1}^{\infty}a_{mn}-\frac{3ab^2 G_2 h_{\mathrm{key}}}{128}\sum_{m=1}^{\infty}\sum_{n=1}^{\infty}(a_{mn})^2\left(n^2\pi^2-\frac{9}{4}\right)
\end{aligned}
\tag{4-8}
$$

根据最小势能理论，积分公式(4-8)的总位能 $\prod$ 取：

$$
\begin{aligned}
\delta\prod &= \delta(U-\Omega_1-\Omega_2-\Omega_3) = \sum_{m=1}^{\infty}\sum_{n=1}^{\infty}\frac{\partial(U-\Omega_1-\Omega_2-\Omega_3)}{\partial a_{mn}}\delta a_{mn} \\
&= \sum_{m=1}^{\infty}\sum_{n=1}^{\infty}\left\{\frac{Dab}{4}a_{mn}\left[\left(\frac{m\pi}{a}\right)^4 b^2\left(1-\frac{15}{8n^2\pi^2}\right)+\left(\frac{n\pi}{b}\right)^2\left(n^2\pi^2+\frac{15}{8}\right)+\left(\frac{m\pi}{a}\right)^2\left(\frac{2}{3}n^2\pi^2-\frac{1}{4}\right)\right]+\right. \\
&\quad \left.\frac{ab^2}{8}\left[\Delta p\left(\frac{2}{3}-\frac{1}{n^2\pi^2}\right)+p_0-q_1-G_1 h_{\mathrm{key}}\right]-\frac{3ab^2(q_2+G_2 h_{\mathrm{key}})}{64}a_{mn}\left(n^2\pi^2-\frac{9}{4}\right)\right\}\delta a_{mn} \\
&= 0
\end{aligned}
\tag{4-9}
$$

则隔水关键层同时承受纵向和横向荷载时，其挠度函数 w 的系数 a_{mn} 为：

$$
a_{mn} = \frac{b\left[(q_1+G_1 h_{\mathrm{key}})-p_0-\Delta p\left(\frac{2}{3}-\frac{1}{n^2\pi^2}\right)\right]}{\left\{\begin{array}{l}2D\left[\left(\frac{m\pi}{a}\right)^4 b^2\left(1-\frac{15}{8n^2\pi^2}\right)+\left(\frac{m\pi}{b}\right)^2\left(n^2\pi^2+\frac{15}{8}\right)+\left(\frac{m\pi}{a}\right)^2\left(\frac{2}{3}n^2\pi^2-\frac{1}{4}\right)\right]- \\ \frac{3b(q_2+G_2 h_{\mathrm{key}})}{8}\left(n^2\pi^2-\frac{9}{4}\right)\end{array}\right\}}
\tag{4-10}
$$

因此，假定隔水关键层为四边固支时，则其挠度函数 w 为：

$$w=\sum_{m=1}^{\infty}\sum_{n=1}^{\infty}\frac{b\left[(q_1+G_1h_{\text{key}})-p_0-\Delta p\left(\frac{2}{3}-\frac{1}{n^2\pi^2}\right)\right]y\sin^2\left(\frac{m\pi x}{a}\right)\sin^2\left(\frac{n\pi y}{b}\right)}{\left\{\begin{aligned}&2D\left[\left(\frac{m\pi}{a}\right)^4b^2\left(1-\frac{15}{8n^2\pi^2}\right)+\left(\frac{m\pi}{b}\right)^2\left(n^2\pi^2+\frac{15}{8}\right)+\left(\frac{m\pi}{a}\right)^2\left(\frac{2}{3}n^2\pi^2-\frac{1}{4}\right)\right]-\\&\frac{3b(q_2+G_2h_{\text{key}})}{8}\left(n^2\pi^2-\frac{9}{4}\right)\end{aligned}\right\}}\tag{4-11}$$

当矩形薄板的四边固支模型承受横向均布荷载时，其挠度函数 w_1 为：

$$w_1=\frac{q_0}{D\pi^4}\sum_{m=1}^{\infty}\sum_{n=1}^{\infty}\frac{\sin^2\left(\frac{m\pi x}{a}\right)\sin^2\left(\frac{n\pi y}{b}\right)}{\left(\frac{3m^4}{a^4}+\frac{2m^2n^2}{a^2b^2}+\frac{n^2}{b^4}\right)}\tag{4-12}$$

当矩形薄板的四边固支模型受沿 x 轴线性增加的荷载时，其挠度函数 w_2 为：

$$w_2=\frac{q_0}{2D}\sum_{m=1}^{\infty}\sum_{n=1}^{\infty}\frac{a\left(\frac{2}{3}-\frac{1}{m^2\pi^2}\right)x\sin^2\left(\frac{m\pi x}{a}\right)\sin^2\left(\frac{n\pi y}{b}\right)}{\left(\frac{n\pi}{b}\right)^4a^2\left(1-\frac{15}{8m^2\pi^2}\right)+\left(\frac{m\pi}{a}\right)^2\left(m^2\pi^2+\frac{15}{8}\right)+\left(\frac{n\pi}{b}\right)^2\left(\frac{2}{3}m^2\pi^2-\frac{1}{4}\right)}\tag{4-13}$$

当矩形薄板的四边固支模型受沿 y 轴线性增加的荷载时，其挠度函数 w_3 为：

$$w_3=\frac{q_0}{2D}\sum_{m=1}^{\infty}\sum_{n=1}^{\infty}\frac{b\left(\frac{2}{3}-\frac{1}{n^2\pi^2}\right)y\sin^2\left(\frac{m\pi x}{a}\right)\sin^2\left(\frac{n\pi y}{b}\right)}{\left(\frac{m\pi}{a}\right)^4b^2\left(1-\frac{15}{8n^2\pi^2}\right)+\left(\frac{n\pi}{b}\right)^2\left(n^2\pi^2+\frac{15}{8}\right)+\left(\frac{m\pi}{a}\right)^2\left(\frac{2}{3}n^2\pi^2-\frac{1}{4}\right)}\tag{4-14}$$

当矩形薄板的四边固支模型同时承受沿 x、y 轴线性增加的荷载时，其挠度函数 w_4 为：

$$w_4=\frac{4q_0}{D}\sum_{m=1}^{\infty}\sum_{n=1}^{\infty}\frac{\left[a\left(\frac{2}{3}-\frac{1}{m^2\pi^2}\right)+b\left(\frac{2}{3}-\frac{1}{n^2\pi^2}\right)\right]xy\sin^2\left(\frac{m\pi x}{a}\right)\sin^2\left(\frac{n\pi y}{b}\right)}{\left[\begin{aligned}&\left(\frac{m\pi}{a}\right)^4b^2\left(8-\frac{15}{n^2\pi^2}\right)\left(\frac{1}{3}m^2\pi^2+\frac{5}{8}\right)+\left(\frac{n\pi}{b}\right)^2a^2\left(8-\frac{15}{m^2\pi^2}\right)\left(\frac{1}{3}n^2\pi^2+\frac{5}{8}\right)+\\&\frac{1}{9}m^2n^2\pi^4-\frac{2}{3}m^2\pi^2-\frac{2}{3}n^2\pi^2+\frac{1}{4}\end{aligned}\right]}\tag{4-15}$$

根据式(4-11)可知，相比式(4-12)～式(4-15)，式(4-11)中分母多一项，使得系数 a_{mn} 的值增大，究其原因在于纵向荷载的影响，进而解释了隔水关键层承受纵向荷载后，其挠度进一步增大。并且，随着该项增至某值，系数 a_{mn} 趋近于无限大，则满足以下公式：

$$2D\left[\left(\frac{m\pi}{a}\right)^4 b^2\left(1-\frac{15}{8n^2\pi^2}\right)+\left(\frac{n\pi}{b}\right)^2\left(n^2\pi^2+\frac{15}{8}\right)+\left(\frac{m\pi}{a}\right)^2\left(\frac{2}{3}n^2\pi^2-\frac{1}{4}\right)\right]-\frac{3b(q_2+G_2h_{\text{key}})}{8}\left(n^2\pi^2-\frac{9}{4}\right)=0 \tag{4-16}$$

简化式(4-16)可得：

$$q_2+G_2h_{\text{key}}=\frac{16D\left[\left(\frac{m\pi}{a}\right)^4 b^2\left(1-\frac{15}{8n^2\pi^2}\right)+\left(\frac{n\pi}{b}\right)^2\left(n^2\pi^2+\frac{15}{8}\right)+\left(\frac{m\pi}{a}\right)^2\left(\frac{2}{3}n^2\pi^2-\frac{1}{4}\right)\right]}{3b\left(n^2\pi^2-\frac{9}{4}\right)} \tag{4-17}$$

当 $m=1$，$n=1$ 时，根据式(4-17)求其最小值，可得：

$$(q_2+G_2h_{\text{key}})_{\min}=\frac{16D\left[\left(\frac{\pi}{a}\right)^4 b^2\left(1-\frac{15}{8\pi^2}\right)+\left(\frac{\pi}{b}\right)^2\left(\pi^2+\frac{15}{8}\right)+\left(\frac{\pi}{a}\right)^2\left(\frac{2}{3}\pi^2-\frac{1}{4}\right)\right]}{3b\left(\pi^2-\frac{9}{4}\right)} \tag{4-18}$$

根据缓倾斜底板隔水关键层挠度函数可得：当$(q_1+G_1h_{\text{key}})<p_0+\Delta p(2/3-1/n^2\pi^2)$时，隔水关键层会产生垂直向上的弯曲变形，当隔水关键层厚度较小时，形成必要非充分的底板突水条件，进而使得诱发底板突水的可能性增大；当$(q_1+G_1h_{\text{key}})=p_0+\Delta p(2/3-1/n^2\pi^2)$时，隔水关键层处于一个相对的稳定状态，即临界状态，此状态下，隔水关键层不发生弯曲变形；当$(q_1+G_1h_{\text{key}})>p_0+\Delta p(2/3-1/n^2\pi^2)$时，隔水关键层发生垂直向下的弯曲变形，当隔水关键层厚度较大时，诱发底板突水的可能性相对较小。

图 4-6 为缓倾斜底板隔水关键层同时承受纵向和横向荷载时的三维挠曲面，由图可知，缓倾斜底板隔水关键层同时承受纵向和横向荷载时，隔水关键层在直线 $x=a/2$ 的位置上挠曲值最大，而 y 轴上的坐标比 $b/2$ 大(取 $m=n=1$，$a=40$，$b=120$)，此时底板隔水关键层上表面所受荷载大于下表面承受的荷载，导致隔水关键层发生垂直向下的弯曲变形。

由图 4-7 可知，弯曲最大位置关于 $x=a/2$ 轴对称，即缓倾斜底板隔水关键层同时承受纵向和横向荷载时挠曲最大位置位于此轴上。由图 4-8 可知，弯曲最大位置不再关于 $y=b/2$ 轴对称，即缓倾斜底板隔水关键层同时承受纵向和横向荷载时挠曲最大位置不在此轴上，此时挠曲最大位置在 $x=a/2$ 轴上，而 y 轴坐标比 $b/2$ 大。究其原因在于缓倾斜底板隔水关键层为四边固支模型，且承受沿 y 轴斜向下的纵向荷载和垂直自身的沿 y 轴线性增加的横向荷载 $Q(y)$，在这样联合荷载的共同作用下，隔水关键层的挠曲变形最大处将偏离对称轴位置（$x=a/2, y=b/2$）。

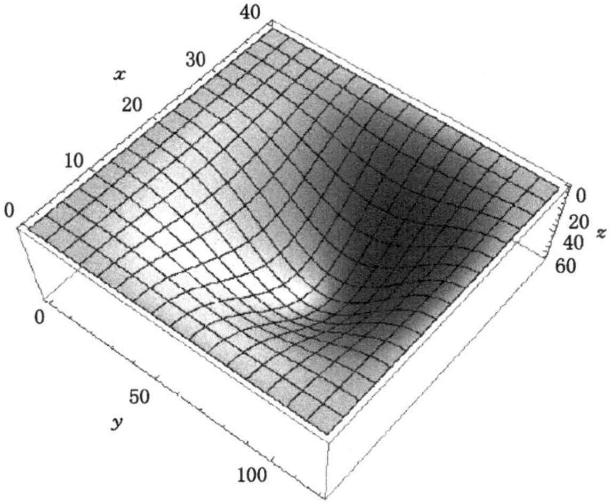

图 4-6　缓倾斜底板隔水关键层同时承受纵向和横向荷载时的三维挠曲面

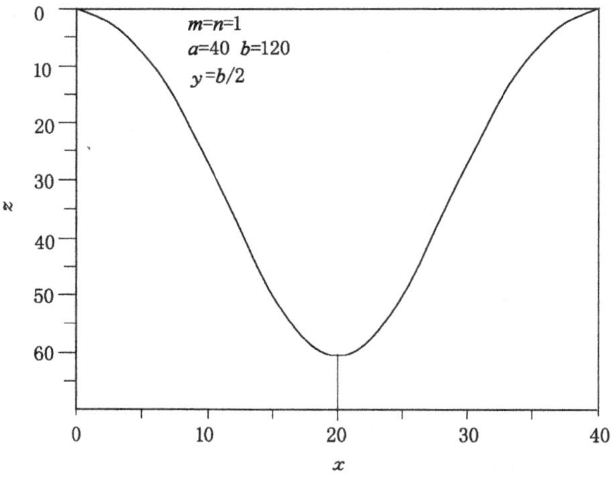

图 4-7　在 $y=b/2$ 时的剖面曲线

综述分析，当取 $m=n=1$ 时，缓倾斜底板隔水关键层将在偏离对称轴位置（$x=a/2, y=b/2$）上挠曲值最大，因此，在现场工程实践取 $m=n=1$ 即可满足工程精度要求。因此，现场工程实践中隔水关键层的挠度函数为：

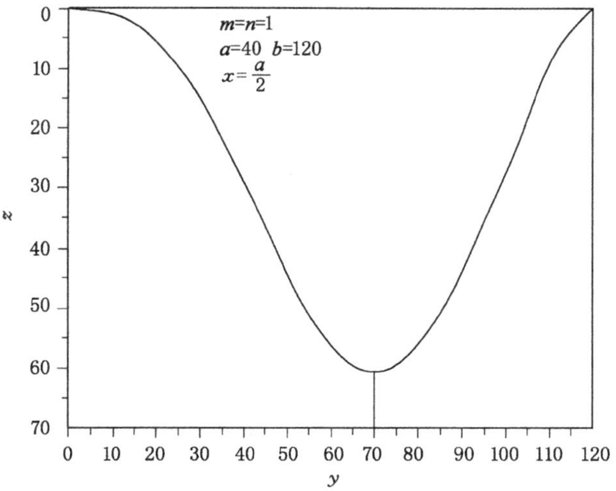

图 4-8 在 $x=a/2$ 时的剖面曲线

$$W = Ay\sin^2\left(\frac{\pi x}{a}\right)\sin^2\left(\frac{\pi y}{b}\right) \tag{4-19}$$

式中：

$$A = \frac{b\left[(q_1 + G_1 h_{\text{key}}) - p_0 - \Delta p\left(\frac{2}{3} - \frac{1}{\pi^2}\right)\right]}{2D\left[\left(\frac{\pi}{a}\right)^4 b^2\left(1 - \frac{15}{8\pi^2}\right) + \left(\frac{\pi}{b}\right)^2\left(\pi^2 + \frac{15}{8}\right) + \left(\frac{\pi}{a}\right)^2\left(\frac{2}{3}\pi^2 - \frac{1}{4}\right) - \frac{3b(q_2 + G_2 h_{\text{key}})}{8}\left(\pi^2 - \frac{9}{4}\right)\right]}$$

因为系数 A 中的 q_1、q_2、G_1、G_2、Δp 符合式(4-1)，则式(4-19)为：

$$W = \frac{b\left[\gamma(h_1 + h_2)\cos\alpha - p_0 - \left(\frac{2}{3} - \frac{1}{\pi^2}\right)\rho g b\sin\alpha\right]y\sin^2\left(\frac{\pi x}{a}\right)\sin^2\left(\frac{\pi y}{b}\right)}{\left\{2\frac{Eh_{\text{key}}^3}{12(1-\mu^2)}\left[\left(\frac{\pi}{a}\right)^4 b^2\left(1 - \frac{15}{8\pi^2}\right) + \left(\frac{\pi}{b}\right)^2\left(\pi^2 + \frac{15}{8}\right) + \left(\frac{\pi}{a}\right)^2\left(\frac{2}{3}\pi^2 - \frac{1}{4}\right) - \frac{3b\gamma(h_1 + h_2)\sin\alpha}{8}\left(\pi^2 - \frac{9}{4}\right)\right]\right\}} \tag{4-20}$$

式中 D——隔水抗弯刚度，$D=Eh_{\text{key}}^3/12(1-\mu^2)$。

研究表明：底板隔水关键层的挠度随着倾角改变而发生变化，具体表现在隔水关键层倾角增大，底板隔水关键层挠曲最大值也会随之增大，且改变幅度较大，其最大位置偏离采空区中部，但该位置始终不变。其原因在于随倾角的增大底板隔水关键层上表面承受横向荷载减小，但下表面承受的含水层水压却随着自身倾角的增大而稍微有所增大。因此，对于近距离缓倾斜煤层承压水上采煤，煤岩层的倾角越大，底板突水的危险性越大。

根据岱庄煤矿实际地质条件，16[#]煤层为平均倾角 12°的倾斜煤层，11607 工作面采用走向长壁开采，工作面倾向长度为 120 m，充填步距为 3.6 m，通过现场钻孔探明承压含水层十三灰上界与煤层底板最大距离为 28.4 m，十三灰含水层的最大水压为 4.4 MPa，底板采动破坏裂隙带深度取等效巷道理论计算最大值 8.4 m，底板含水层承压导升带高度为 3 m 左右，工作面底板完整岩体的厚度为 17 m，其中取底板隔水关键层为底板剩余完整岩体中厚度为 12 m 的岩层。于是有 $a=3.6$ m，$b=120$ m，$h=28.4$ m，$h_1=8.4$ m，$h_3=3$ m，$h_2=h-h_1-h_3=17$ m，$h_{key}=12$ m，$\alpha=12°$，$p_0=4.4$ MPa。取 $\rho=10^3$ kg/m^3，$g=10$ N/kg，$E=32$ GPa，$\gamma=28$ kN/m^3，$\mu=0.24$，由公式(4-20)可以求出此倾斜煤层工作面底板隔水关键层上任意一点的挠曲值。

4.3.3 充填开采底板隔水关键层的最大挠曲位置

若底板隔水关键层的荷载沿 x 轴不变，沿 y 轴承受横向水压 $p(y)$ 线性增加的荷载，且承受纵向覆岩的荷载，则导致底板隔水关键层挠曲呈现非对称分布。然而，缓倾斜煤层开采后在 $x=a/2$ 的直线上采空区底板隔水关键层一定是挠曲最大值位置。通过对挠度函数 $W(x,y)$ 的 y 进行求导，得到：

$$\frac{\partial W(x,y)}{\partial y}=\sin^2\left(\frac{\pi y}{b}\right)\left[\sin^2\left(\frac{\pi y}{b}\right)+\frac{2\pi y}{b}\sin\left(\frac{\pi y}{b}\right)\cos\left(\frac{\pi y}{b}\right)\right]=0 \quad (4\text{-}21)$$

因为挠曲最大值的位置 y 的取值范围为 $b/2\sim b$，式(4-21)简化为：

$$\sin\left(\frac{\pi y}{b}\right)+\frac{2\pi y}{b}\cos\left(\frac{\pi y}{b}\right)=0 \quad (4\text{-}22)$$

式(4-22)属于无解析解的超越方程，仅可求得近似解或数值解，这里采用更加直观准确的图像法进行求解。绘制缓倾斜煤层开采后采空区底板隔水关键层的挠度函数 $W(x,y)$ 的挠度曲线($x=a/2$，$A=1$ 时)，如图 4-9 所示。由图可知，函数 $W(x,y)$ 最大值位置在 $\pi y/b\approx1.84$ 处。因此，底板关键层的挠曲最大值的坐标为：

$$\begin{cases}x=a/2\\ y=1.84b/\pi\end{cases} \quad (4\text{-}23)$$

根据岱庄煤矿实际地质条件，16[#]煤层为平均倾角 12°的倾斜煤层，11607 工作面采用走向长壁开采，工作面倾向长度为 120 m，充填步距为 3.6 m，通过

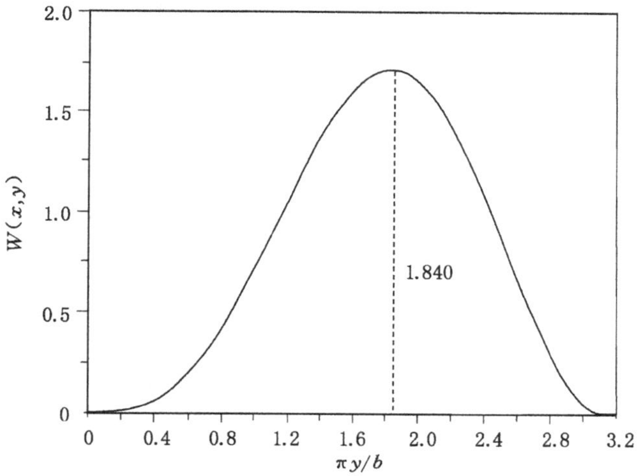

图 4-9　底板隔水关键层挠度函数 $W(x,y)$ 的挠度曲线($x=a/2,A=1$)

现场钻孔探明承压含水层十三灰上界与煤层底板最大距离为 28.4 m,十三灰含水层的最大水压为 4.4 MPa,底板采动破坏裂隙带深度取等效巷道理论计算最大值 8.4 m,底板含水层承压导升带高度为 3 m 左右,工作面底板完整岩体的厚度为 17 m,其中取底板隔水关键层为底板剩余完整岩体中厚度为 12 m 的岩层。于是有 $a=3.6$ m,$b=120$ m,$h=28.4$ m,$h_1=8.4$ m,$h_3=3$ m,$h_2=\mathrm{h}-h_1-h_3=17$ m,$h_{\mathrm{key}}=12$ m,$\alpha=12°$,$p_0=4.4$ MPa。取 $\rho=10^3$ kg/m^3,$g=10$ N/kg,$E=32$ GPa,$\gamma=28$ kN/m^3,$\mu=0.24$,则底板关键层的挠曲最大值的坐标($x=a/2$,$y=1.84b/\pi$)约为(1.8,70.32)。将该点坐标代入公式(4-21),即可求得倾斜煤层工作面充填开采底板隔水关键层的最大挠曲值约为 0.197 m。

4.3.4　充填开采底板隔水关键层稳定性分析

缓倾斜煤层底板隔水关键层的应力表达式如下:

$$\begin{cases}\sigma_x=\dfrac{Ez}{1-\mu^2}\left(\dfrac{\partial^2 W}{\partial x^2}+\mu\dfrac{\partial^2 W}{\partial y^2}\right)\\[2ex]\sigma_y=\dfrac{Ez}{1-\mu^2}\left(\dfrac{\partial^2 W}{\partial y^2}+\mu\dfrac{\partial^2 W}{\partial x^2}\right)\\[2ex]\tau_{xy}=\dfrac{Ez}{1+\mu}\dfrac{\partial^2 W}{\partial x\partial y}\end{cases}\tag{4-24}$$

将式(4-19)代入式(4-24),可得:

$$\begin{cases}\dfrac{\sigma_x-\sigma_y}{2}=\dfrac{EzA}{1+\mu}\left[\dfrac{\pi^2}{a^2}y\cos\left(\dfrac{2\pi x}{a}\right)\sin^2\left(\dfrac{\pi y}{b}\right)-\dfrac{\pi}{b}\sin^2\left(\dfrac{\pi x}{a}\right)\sin\left(\dfrac{\pi y}{b}\right)-\dfrac{\pi^2}{b^2}y\sin^2\left(\dfrac{\pi x}{a}\right)\cos\left(\dfrac{2\pi y}{b}\right)\right]\\ \dfrac{\sigma_x+\sigma_y}{2}=\dfrac{EzA}{1-\mu}\left[\dfrac{\pi^2}{a^2}y\cos\left(\dfrac{2\pi x}{a}\right)\sin^2\left(\dfrac{\pi y}{b}\right)+\dfrac{\pi}{b}\sin^2\left(\dfrac{\pi x}{a}\right)\sin\left(\dfrac{\pi y}{b}\right)+\dfrac{\pi^2}{b^2}y\sin^2\left(\dfrac{\pi x}{a}\right)\cos\left(\dfrac{2\pi y}{b}\right)\right]\\ \tau_{xy}=\dfrac{EzA}{1+\mu}\left[\dfrac{\pi}{a}\sin\left(\dfrac{2\pi x}{a}\right)\sin^2\left(\dfrac{\pi y}{b}\right)+\dfrac{\pi^2}{ab}y\sin\left(\dfrac{2\pi x}{a}\right)\sin\left(\dfrac{2\pi y}{b}\right)\right]\end{cases}\tag{4-25}$$

主应力求解公式如下：

$$\sigma_1、\sigma_3=\frac{\sigma_x+\sigma_y}{2}\pm\sqrt{\left(\frac{\sigma_x-\sigma_y}{2}\right)^2+(\tau_{xy})^2}\tag{4-26}$$

把式(4-25)代入式(4-26)，推导得出主应力计算公式如下：

$$\begin{aligned}\sigma_1、\sigma_3=&\frac{EzA}{1-\mu}\left[\frac{\pi^2}{a^2}y\cos\left(\frac{2\pi x}{a}\right)\sin^2\left(\frac{\pi y}{b}\right)+\frac{\pi}{b}\sin^2\left(\frac{\pi x}{a}\right)\sin\left(\frac{\pi y}{b}\right)+\frac{\pi^2}{b^2}y\sin^2\left(\frac{\pi x}{a}\right)\cos\left(\frac{2\pi y}{b}\right)\right]\pm\\ &\frac{Ez|A|}{1+\mu}\sqrt{\left\{\begin{aligned}&\left[\frac{\pi^2}{a^2}y\cos\left(\frac{2\pi x}{a}\right)\sin^2\left(\frac{\pi y}{b}\right)-\frac{\pi}{b}\sin^2\left(\frac{\pi x}{a}\right)\sin\left(\frac{\pi y}{b}\right)-\frac{\pi^2}{b^2}y\sin^2\left(\frac{\pi x}{a}\right)\cos\left(\frac{2\pi y}{b}\right)\right]^2+\\&\left[\frac{\pi}{a}\sin\left(\frac{2\pi x}{a}\right)\sin^2\left(\frac{\pi y}{b}\right)+\frac{\pi^2}{ab}y\sin\left(\frac{2\pi x}{a}\right)\sin\left(\frac{2\pi y}{b}\right)\right]^2\end{aligned}\right\}}\end{aligned}\tag{4-27}$$

式(4-27)中 $0\leqslant x\leqslant a$，$0\leqslant y\leqslant b$。令：

$$\begin{cases}B_1=\dfrac{EzA}{1-\mu}\left[\dfrac{\pi^2}{a^2}y\cos\left(\dfrac{2\pi x}{a}\right)\sin^2\left(\dfrac{\pi y}{b}\right)+\dfrac{\pi}{b}\sin^2\left(\dfrac{\pi x}{a}\right)\sin\left(\dfrac{\pi y}{b}\right)+\dfrac{\pi^2}{b^2}y\sin^2\left(\dfrac{\pi x}{a}\right)\cos\left(\dfrac{2\pi y}{b}\right)\right]\\ B_2=\dfrac{Ez|A|}{1+\mu}\sqrt{\left\{\begin{aligned}&\left[\frac{\pi^2}{a^2}y\cos\left(\frac{2\pi x}{a}\right)\sin^2\left(\frac{\pi y}{b}\right)-\frac{\pi}{b}\sin^2\left(\frac{\pi x}{a}\right)\sin\left(\frac{\pi y}{b}\right)-\frac{\pi^2}{b^2}y\sin^2\left(\frac{\pi x}{a}\right)\cos\left(\frac{2\pi y}{b}\right)\right]^2+\\&\left[\frac{\pi}{a}\sin\left(\frac{2\pi x}{a}\right)\sin^2\left(\frac{\pi y}{b}\right)+\frac{\pi^2}{ab}y\sin\left(\frac{2\pi x}{a}\right)\sin\left(\frac{2\pi y}{b}\right)\right]^2\end{aligned}\right\}}\end{cases}\tag{4-28}$$

则式(4-27)简化为：

$$\sigma_1、\sigma_3=B_1\pm B_2\tag{4-29}$$

缓倾斜煤层底板隔水关键层承受多向应力而导致破坏时，服从莫尔-库仑破坏准则，试验工作面底板复合隔水关键层主要以泥岩和砂岩为主，复合隔水关键层在上部覆岩压力和下部承压含水层水压的共同耦合作用下，主要发生上下挤压导致的屈服破坏，以底板岩体某点进行分析，满足式(4-30)。

$$\sigma_1-K\sigma_3=R_c\tag{4-30}$$

其中：

$$K=(1+\sin\varphi_0)/(1-\sin\varphi_0)$$

式中 R_c——隔水关键层岩体的单轴抗压强度；

φ_0——隔水关键层的内摩擦角。

令：

$$f(x,y)=\frac{\sigma_1-K\sigma_3}{R_c} \tag{4-31}$$

为了对隔水关键层上某点(x_0,y_0)的破坏状态进行判别，根据式(4-31)进行计算，预估其发生突水的可能性。当$f(x,y)<1$时，隔水关键层某点(x_0,y_0)不发生突水，处于相对稳定状态；当$f(x,y)=1$时，某点(x_0,y_0)将发生突水，处于临界状态；当$f(x,y)>1$时，某点(x_0,y_0)发生突水，处于破坏状态。把式(4-29)代入式(4-31)，则$f(x,y)$为：

$$f(x,y)=\frac{(B_1+B_2)-K(B_1-B_2)}{R_c}=\frac{(1-K)B_1+(1+K)B_2}{R_c} \tag{4-32}$$

把式(4-28)代入式(4-32)，则$f(x,y)$为：

$$f(x,y)=\frac{Ez}{R_c}\left\{\frac{(1-K)A}{1-\mu}\left[\frac{\pi^2}{a^2}y\cos\left(\frac{2\pi x}{a}\right)\sin^2\left(\frac{\pi y}{b}\right)+\frac{\pi}{b}\sin^2\left(\frac{\pi x}{a}\right)\sin\left(\frac{\pi y}{b}\right)+\frac{\pi^2}{b^2}y\sin^2\left(\frac{\pi x}{a}\right)\cos\left(\frac{2\pi y}{b}\right)\right]+\right.$$
$$\left.\frac{(1+K)|A|}{1+\mu}\sqrt{\left\{\begin{aligned}&\left[\frac{\pi^2}{a^2}y\cos\left(\frac{2\pi x}{a}\right)\sin^2\left(\frac{\pi y}{b}\right)-\frac{\pi}{b}\sin^2\left(\frac{\pi x}{a}\right)\sin\left(\frac{\pi y}{b}\right)-\frac{\pi^2}{b^2}y\sin^2\left(\frac{\pi x}{a}\right)\cos\left(\frac{2\pi y}{b}\right)\right]^2+\\&\left[\frac{\pi}{a}\sin\left(\frac{2\pi x}{a}\right)\sin^2\left(\frac{\pi y}{b}\right)+\frac{\pi^2}{ab}y\sin\left(\frac{2\pi x}{a}\right)\sin\left(\frac{2\pi y}{b}\right)\right]^2\end{aligned}\right\}}\right\} \tag{4-33}$$

为对隔水关键层上$|\sigma_1-K\sigma_3|/R_c$最大值位置进行判别，可利用式(4-33)绘制其等值线云图，即可得出隔水关键层破坏初始点的坐标，进而得出隔水关键层初始突水点的坐标(x_0,y_0)。

通过上面的分析，当$m=1,n=1$时，系数A公式中的分母始终比零大；对于公式中的分子而言，当$(q_1+G_1h_{key})<p_0+\Delta p(2/3-1/n^2\pi^2)$时，此时隔水关键层下表面比上表面承受的荷载大，隔水关键层发生凸起变形，这是底板发生突水的关键因素。因此，采空区底板发生突水事故的条件是$A<0$。因为函数$f(x,y)$[式(4-33)]中的$Ez(1-K)A/R_c(1-\mu)$，$Ez(1+K)|A|/R_c(1+\mu)$为无关坐标(x,y)的函数，所以在利用函数$f(x,y)$绘制其等值线云图时，分别令$EzA/R_c=-1$、$EzA/R_c=1$，泊松比μ取0.24，摩擦角φ_0取38°。

当$f(x,y)$在$a=40,b=120$时绘制函数的等值线云图，如图4-10所示，由图可知，$|\sigma_1-K\sigma_3|/R_c$的最大值坐标在隔水关键层的y轴上，最先破坏位置不位于隔水关键层长边的中部，而是中部向下偏移。分别令$EzA/R_c=-1$、$EzA/R_c=1$，取不同内摩擦角φ_0、泊松比μ的值，当$f(x,y)$在$a=40,b=120$时绘制函数的等值线云图，分布规律均与图4-10相似。因此，得出隔水关键层初

始破坏位置坐标(x_0, y_0)为：

$$\begin{cases} x_0 = 0, a \\ y_0 = 1.84b/\pi \end{cases} \tag{4-34}$$

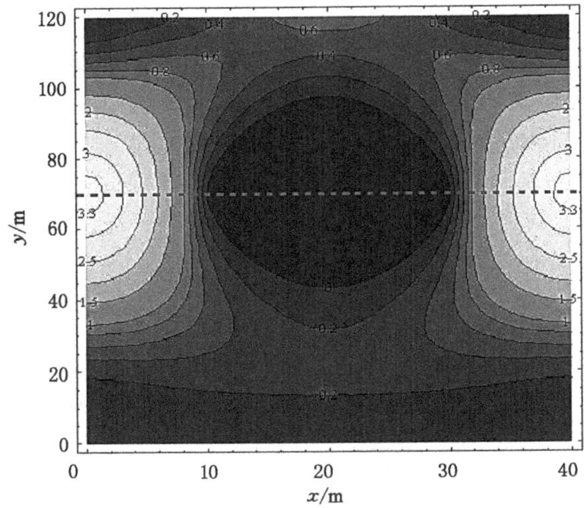

图 4-10　函数 $f(x,y)$等值线云图

将隔水关键层初始破坏位置坐标(x_0, y_0)代入式(4-33)，系数 A 中 q_1、q_2、G_1、G_2、Δp、D 满足公式(4-31)，且 $z=h_{\text{key}}$，$A<0$，可得底板突水的力学判据公式如下：

$$f(x_0, y_0) = \frac{Ez}{R_c}\left\{\frac{(1-K)A}{1-\mu}\left[\frac{\pi^2}{a^2}y\cos\left(\frac{2\pi x}{a}\right)\sin^2\left(\frac{\pi y}{b}\right)+\frac{\pi}{b}\sin^2\left(\frac{\pi x}{a}\right)\sin\left(\frac{\pi y}{b}\right)+\frac{\pi^2}{b^2}y\sin^2\left(\frac{\pi x}{a}\right)\cos\left(\frac{2\pi y}{b}\right)\right]+\right.$$

$$\left.\frac{(1+K)|A|}{1+\mu}\sqrt{\begin{Bmatrix}\left[\frac{\pi^2}{a^2}y\cos\left(\frac{2\pi x}{a}\right)\sin^2\left(\frac{\pi y}{b}\right)-\frac{\pi}{b}\sin^2\left(\frac{\pi x}{a}\right)\sin\left(\frac{\pi y}{b}\right)-\frac{\pi^2}{b^2}y\sin^2\left(\frac{\pi x}{a}\right)\cos\left(\frac{2\pi y}{b}\right)\right]^2+\\ \left[\frac{\pi}{a}\sin\left(\frac{2\pi x}{a}\right)\sin^2\left(\frac{\pi y}{b}\right)+\frac{\pi^2}{ab}y\sin\left(\frac{2\pi x}{a}\right)\sin\left(\frac{2\pi y}{b}\right)\right]^2\end{Bmatrix}}\right\}$$

$$= \frac{1.84\pi b^2 h_{\text{key}} E\sin^2 1.84}{a^2 R_c}\frac{\left(\frac{K-1}{1-\mu}+\frac{K+1}{1+\mu}\right)\left[p_0+\left(\frac{2}{3}-\frac{1}{\pi^2}\right)\rho g b\sin\alpha-\gamma(h_1+h_2)\cos\alpha\right]}{\begin{Bmatrix}\frac{Eh_{\text{key}}^3}{6(1-\mu^2)}\left[\left(\frac{\pi}{a}\right)^4 b^2\left(1-\frac{15}{8\pi^2}\right)+\left(\frac{\pi}{b}\right)^2\left(\pi^2+\frac{15}{8}\right)+\left(\frac{\pi}{a}\right)^2\left(\frac{2}{3}\pi^2-\frac{1}{4}\right)\right]\\ -\frac{3b\gamma(h_1+h_2)\sin\alpha}{8}\left(\pi^2-\frac{9}{4}\right)\end{Bmatrix}} \tag{4-35}$$

隔水关键层相对稳定，即 $f(x_0, y_0)<1$ 时，不发生底板突水；隔水关键层处

于临界值，即 $f(x_0,y_0)=1$ 时，发生底板突水；隔水关键层破坏，即 $f(x_0,y_0)>1$ 时，发生底板突水。根据 $f(x_0,y_0)=1$，可得：

$$\frac{1.84\pi b^2 h_{\text{key}} E\sin^2 1.84}{a^2 R_c}\frac{\left(\frac{K-1}{1-\mu}+\frac{K+1}{1+\mu}\right)\left[p_0+\left(\frac{2}{3}-\frac{1}{\pi^2}\right)\rho g b\sin\alpha-\gamma(h_1+h_2)\cos\alpha\right]}{\left\{\begin{array}{l}\frac{Eh_{\text{key}}^3}{6(1-\mu^2)}\left[\left(\frac{\pi}{a}\right)^4 b^2\left(1-\frac{15}{8\pi^2}\right)+\left(\frac{\pi}{b}\right)^2\left(\pi^2+\frac{15}{8}\right)+\left(\frac{\pi}{a}\right)^2\left(\frac{2}{3}\pi^2-\frac{1}{4}\right)\right]\\-\frac{3b\gamma(h_1+h_2)\sin\alpha}{8}\left(\pi^2-\frac{9}{4}\right)\end{array}\right\}}=1 \tag{4-36}$$

整理式(4-36)可得非达西承受的极限水压 $p_{0\max}$ 为：

$$\begin{aligned}p_{0\max}=&\frac{a^2R_c}{1.84\pi b^2 h_{\text{key}}E\sin^2 1.84\left(\frac{K-1}{1-\mu}+\frac{K+1}{1+\mu}\right)}\cdot\\&\left\{\frac{Eh_{\text{key}}^3}{6(1-\mu^2)}\left[\left(\frac{\pi}{a}\right)^4 b^2\left(1-\frac{15}{8\pi^2}\right)+\left(\frac{\pi}{b}\right)^2\left(\pi^2+\frac{15}{8}\right)+\left(\frac{\pi}{a}\right)^2\left(\frac{2}{3}\pi^2-\frac{1}{4}\right)\right]-\right.\\&\left.\frac{3b\gamma(h_1+h_2)\sin\alpha}{8}\left(\pi^2-\frac{9}{4}\right)\right\}+\gamma(h_1+h_2)\cos\alpha-\left(\frac{2}{3}-\frac{1}{\pi^2}\right)\rho g b\sin\alpha\end{aligned} \tag{4-37}$$

当隔水关键层破坏，有 $p_0>p_{0\max}$ 时，发生底板突水；当隔水关键层处于临界值，有 $p_0=p_{0\max}$ 时，发生底板突水；当隔水关键层稳定，有 $p_0<p_{0\max}$ 时，不发生底板突水。

根据岱庄煤矿实际地质条件，$16^{\#}$ 煤层为平均倾角 12°的倾斜煤层，11607 工作面采用走向长壁开采，工作面倾向长度为 120 m，充填步距为 3.6 m，通过现场钻孔探明承压含水层十三灰上界与煤层底板最大距离为 28.4 m，十三灰含水层的最大水压为 4.4 MPa，底板采动破坏裂隙带深度取等效巷道理论计算最大值为 8.4 m，底板含水层承压导升带高度为 3 m 左右，工作面底板完整岩体的厚度为 17 m，其中取底板隔水关键层为底板剩余完整岩体中厚度为 12 m 的岩层。于是有 $a=3.6$ m，$b=120$ m，$h=28.4$ m，$h_1=8.4$ m，$h_3=3$ m，$h_2=h-h_1-h_3=17$ m，$h_{\text{key}}=12$ m，$\alpha=12°$，$p_0=4.4$ MPa。取 $\rho=10^3$ kg/m^3，g=10 N/kg，$E=32$ GPa，$\gamma=28$ kN/m^3，$\mu=0.24$，由公式(4-35)可以计算出 $f(x_0,y_0)=0.925<1$，因此充填开采后不会发生煤层底板突水事故。同样，将以上参数代入式(4-37)，可以求出此倾斜煤层工作面底板隔水关键层承受的极限水压为 4.97 MPa，大于底板含水层的最大水压值 4.4 MPa，因此不会发生煤层底板突水。但随着充填工作面不断推进，矿压多次扰动，对底板的影响增大，进而导致底板破坏深度增加，且计算的底板隔水关键层所能承受的极限水压接近底板含水层的实际水压，因此，为了保证近距离高承压水上倾斜煤层的安全带压开采，

应该加强煤层底板突水防治管理，以预防底板发生突水事故。

4.4 充填开采底板隔水关键层的渗流稳定性分析

4.4.1 充填开采底板隔水关键层渗流动力学模型

4.4.1.1 底板渗透性分布规律分析

岩石的碎胀性指煤层开采时，煤岩体破碎损伤后的体积相比破坏前增大的性质。前面章节已分析，当缓倾斜煤层回采后，若采空区充实率较低，在顶板破断垮落充填采空区的过程中，采空区底板将形成“下三带”，其中底板破裂带范围内的岩体将表现出明显的碎胀性，碎胀系数和孔隙率的关系为：

$$n = 1 - K_p \tag{4-38}$$

式中 n——孔隙率；

K_p——碎胀系数。

假定底板岩层的孔隙率初始值为 S_0，则底板破裂带范围内的岩石在未压实状态下的孔隙率为：

$$n_{c0} = 1 - K_p + S_0 \tag{4-39}$$

式中 S_0——底板岩层的孔隙率初始值；

n_{c0}——底板破碎岩石的总孔隙率。

随着采空区被充填体填充，充填体形成承载结构，使得上覆岩层荷载与充填体一起作用于底板破裂带，破裂带岩体被逐渐压实闭合，进而导致底板岩体的碎胀系数逐渐减小并趋于稳定值。在充填体与围岩荷载作用过程中，底板岩层的碎胀系数和孔隙率的关系为：

$$n_c = 1 - \frac{1}{K'_p} + S_0 \tag{4-40}$$

式中 K'_p——煤层开采时的底板破裂带岩石碎胀系数；

n_c——煤层开采时的底板破裂带岩石孔隙率。

煤层充填开采后，当采空区的充实率为 φ 时，底板破裂带深度为 H_c，底板隔水带的变形量为 S_x，则底板破裂带岩石的碎胀系数[101-103]为：

$$K'_p = \frac{M(1-\varphi) + H_c - S_x}{H_c} \tag{4-41}$$

式中 M——采高。

把式(4-41)代入式(4-40)，得到底板破裂带岩石的孔隙率为：

$$n_c = \frac{M(1-\varphi)-S_x}{M(1-\varphi)+H_c-S_x}+S_0 \tag{4-42}$$

如图 4-11 所示，采用破裂带破碎岩体理想化多孔隙介质模型，描述底板破裂带破碎岩体的渗透性。

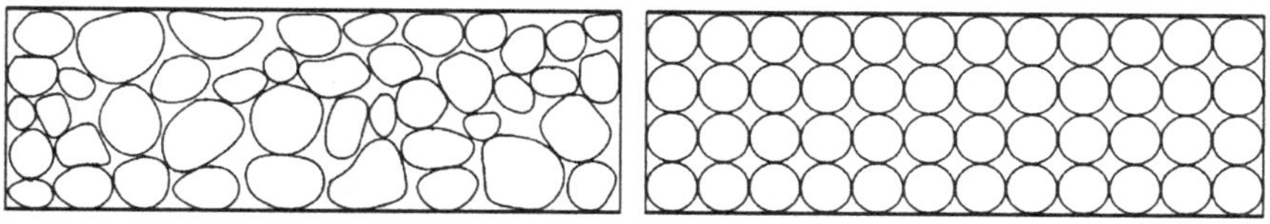

(a) 破碎岩体　　(b) 理想多孔介质

图 4-11　破裂带岩体理想化孔隙介质模型

根据渗透系数与孔隙率变化关系式，底板岩体的渗透性表示为：

$$K = \frac{n^3}{(1-n)^2}\frac{d_c^2}{180}\frac{\rho_w g}{\mu} \tag{4-43}$$

式中　d_c——多孔介质颗粒直径；

ρ_w——水的密度；

μ——水的黏度。

则煤层回采时底板破裂带岩石的渗透系数 K_c 为：

$$K_c = \frac{\left[\dfrac{M(1-\varphi)-W_{ci}(1-e^{-\frac{x}{2l_i}})}{M(1-\varphi)+H_c-W_{ci}(1-e^{-\frac{x}{2l_i}})}+S_0\right]^3}{\left[\dfrac{H_c}{M(1-\varphi)+H_c-W_{ci}(1-e^{-\frac{x}{2l_i}})}-S_0\right]^2}\frac{d_c^2}{180}\left(\frac{\rho_w g}{\mu}\right) \tag{4-44}$$

式中　W_{ci}——第 i 层岩层压实稳定后的下沉量；

l_i——第 i 层岩层的极限跨距；

x——含水层与工作面煤体的距离；

g——重力加速度。

随着采空区被充填体填充，底板破裂带岩体被逐渐压实并趋于相对稳定，其碎胀系数随着与底板距离的增大而减小。研究表明，煤层底板破裂带岩体的碎胀系数在纵向上存在对数衰减特征，可用下式表达：

$$K_h = K_0 - \lambda\ln(h+1)(h \leqslant H_f) \tag{4-45}$$

式中　K_0——破裂带底部岩石的碎胀系数；

K_h——上部 h 距离岩石碎胀系数；

H_f——裂隙损伤深度；

λ——衰减系数。

煤层充填开采后，当采空区的充实率为 φ 时，则底板岩层的破裂带与裂隙损伤带发育深度估算式为：

$$\begin{cases} H_c = \dfrac{100M(1-\varphi)}{c_1M(1-\varphi)+c_2} \\ H_f = \dfrac{100M(1-\varphi)}{c_3M(1-\varphi)+c_4} \end{cases} \tag{4-46}$$

式中破裂带与裂隙损伤带发育深度估算系数 $c_1 \sim c_4$ 见表 4-1。

表 4-1　破裂带与裂隙损伤带发育深度估算系数

岩性	抗压强度/MPa	相关计算系数			
		c_1	c_2	c_3	c_4
软弱岩层	<20	6.2	32	3.1	5.0
中硬岩层	20～40	4.7	19	1.6	3.6
坚硬岩层	>40	2.1	16	1.2	2.0

煤层充填开采后，假定底板破裂带和裂隙损伤带间不出现明显离层，则底板破裂带与裂隙损伤带的岩石碎胀系数看作相等，即 $K_0 = K'_p$。结合式(4-39)，则底板岩层的破裂带和裂隙损伤带岩体的孔隙率为：

$$\begin{cases} n_c = 1 - 1/K'_p + S_0 & (0 \leqslant h < H_c) \\ n_f = 1 - \dfrac{1}{K'_p - \lambda \ln(h - H_c + 1)} + S_0 & (H_c \leqslant h \leqslant H_f) \end{cases} \tag{4-47}$$

由前面章节分析可知，底板裂隙损伤带最下部岩体的碎胀系数约等于 1，则衰减系数 λ 为：

$$\lambda = \frac{K'_p - 1}{\ln(H_f - H_c + 1)} \tag{4-48}$$

通过结合式(4-41)、式(4-43)与式(4-47)可得煤层充填开采后，采空区充实率与底板岩层不同深度破裂损伤岩体渗透系数的关系式：

$$\begin{cases} K_c = \dfrac{\left[\dfrac{M(1-\varphi) - W_{ci}(1-e^{-\frac{x}{2l_i}})}{M(1-\varphi) + H_c - W_{ci}(1-e^{-\frac{x}{2l_i}})} + S_0\right]^3}{\left[\dfrac{H_c}{M(1-\varphi) + H_c - W_{ci}(1-e^{-\frac{x}{2l_i}})} - S_0\right]^2} \dfrac{d_c^2}{180}\left(\dfrac{\rho_w g}{\mu}\right) & (0 \leqslant h < H_c) \\ K_f = \dfrac{\left[\dfrac{M(1-\varphi) - W_{ci}(1-e^{-\frac{x}{2l_i}}) - \lambda H_c \ln(h - H_c + 1)}{M(1-\varphi) + H_c - W_{ci}(1-e^{-\frac{x}{2l_i}}) - \lambda H_c \ln(h - H_c + 1)} + S_0\right]^3}{\left[\dfrac{H_c}{M(1-\varphi) + H_c - W_{ci}(1-e^{-\frac{x}{2l_i}}) - \lambda H_c \ln(h - H_c + 1)} - S_0\right]^2} \dfrac{d_c^2}{180}\left(\dfrac{\rho_w g}{\mu}\right) & (H_c \leqslant h \leqslant H_f) \end{cases} \tag{4-49}$$

4.4.1.2 构建隔水关键层渗流系统模型

假定缓倾斜煤层底板隔水关键层由 n 层不同软硬结构性质的复合岩层组合而成，构建模型如图 4-12 所示。对于一维无源流动而言，且不考虑体积力，流体压缩和孔隙压缩方程以及动量与质量方程组成岩层渗流的动力学计算式：

$$\begin{cases}\dfrac{\partial(\varphi_i\rho_w)}{\partial t}+\dfrac{\partial}{\partial x}(\rho_w v)=0\\ \rho_w c_a^i\dfrac{\partial v}{\partial x}=-\dfrac{\partial p}{\partial x}-\dfrac{\mu}{k_i}v+\beta_i\rho_w v^2\\ \varphi_i=\varphi_0^i(1+c_n^i p)\\ \rho_w=\rho_0(1+c_t p)\end{cases}\tag{4-50}$$

式中 p——流体的相对压力；

c_a^i——加速度系数；

β_i——非达西流因子；

φ_i——孔隙率；

ρ_w,μ——水的密度和黏度；

v——渗流速度；

c_n^i——第 i 层岩石的孔隙压缩系数；

φ_0^i——第 i 层岩石孔隙率；

ρ_0——流体密度；

c_t——流体的等温压缩系数。

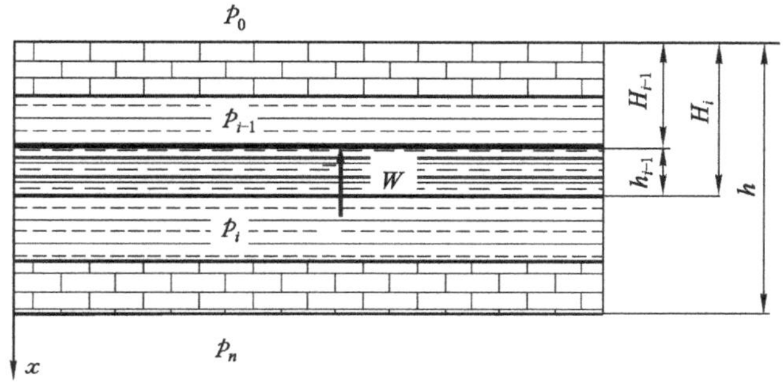

图 4-12 复合隔水关键层渗流力学模型

若 $c_t p\ll1,c_n^i p\ll1(i=1,2,\cdots,n)$，则流体和孔隙压缩公式为：

$$\frac{\partial(\varphi_i\rho)}{\partial t}=\rho_0\varphi_0^i c_{\mathrm{f}}^i\frac{\partial p}{\partial t}(i=1,2,\cdots,n) \tag{4-51}$$

其中，第 i 层岩石的综合压缩系数为 $c_{\mathrm{f}}^i=c_{\mathrm{t}}+c_{\mathrm{n}}^i(i=1,2,\cdots,n)$，当不考虑水体的压缩时，则岩层渗流系统的非达西演化公式为：

$$\begin{cases}\dfrac{\partial\rho}{\partial t}=\dfrac{1}{\rho_0\varphi_0^i c_{\mathrm{f}}^i}\dfrac{\partial W}{\partial x}\\ \dfrac{\partial W}{\partial t}=-\dfrac{1}{c_{\mathrm{a}}^i}\left[\dfrac{\partial\rho}{\partial x}+\dfrac{1}{\rho_0}\left(\dfrac{\mu}{k_i}W-\beta_i W^2\right)\right]\end{cases} \tag{4-52}$$

其中：动量密度 $W=\rho V$；$t\in(0,+\infty)$；$x\in(H_{i-1},H_i)$；$H_i=\sum\limits_{j=1}^{i}h_i$，$(i=1,2,\cdots,n)$。

式(4-52)的平衡态公式为：

$$\begin{cases}\dfrac{\partial\rho}{\partial t}=0:\dfrac{\partial W}{\partial x}=0\\ \dfrac{\partial W}{\partial t}=0:\dfrac{\partial\rho_{\mathrm{s}}}{\partial x}=\dfrac{1}{\rho_0}\left(\beta_i W_{\mathrm{s}}^2-\dfrac{\mu}{k_i}W_{\mathrm{s}}\right)\end{cases} \tag{4-53}$$

对式(4-53)进行积分，得：

$$\begin{cases}W_{\mathrm{s}}=\mathrm{const}\\ p_{i-1}-p_i=\dfrac{h_i}{\rho_0}\left(\dfrac{\mu}{k_i}W_{\mathrm{s}}-\beta_i W_{\mathrm{s}}^2\right)\end{cases} \tag{4-54}$$

对式(4-54)中第二式 i 求和，得：

$$f_{\mathrm{p}}=AW_{\mathrm{s}}-BW_{\mathrm{s}}^2 \tag{4-55}$$

其中：

$$f_{\mathrm{p}}=\frac{p_0-p_n}{h},A=\sum_{i=1}^{n}\frac{h_i\mu}{\rho_1 hk_i},B=\sum_{i=1}^{n}\frac{h_i\beta_i}{h\rho_0} \tag{4-56}$$

式中　f_{p}——压力梯度；

h——岩层的总厚度；

A,B——渗透特性综合参量。

由式(4-55)可得，判别隔水关键层渗流系统稳定性的公式为：

$$\Delta=A^2-4Bf_{\mathrm{p}} \tag{4-57}$$

把式(4-56)代入式(4-57)，得：

$$\Delta=\left(\sum_{i=1}^{n}\frac{h_i\mu}{\rho hk_i}\right)^2-4\frac{\rho_0-\rho_n}{n}\sum_{i=1}^{n}\frac{h_i\beta_i}{h\rho_0} \tag{4-58}$$

引入无量纲的量：

$$\tilde{t} = \frac{A}{\rho_0 Bh} t, \tilde{x} = \frac{x}{h}, \tilde{p} = \frac{p}{hf_{\mathrm{p}}}, \tilde{W} = \frac{B}{A} W \tag{4-59}$$

进而可得：

$$t = \frac{\rho_0 Bh\tilde{t}}{A}, x = \tilde{x}h, p = \tilde{p}hf_{\mathrm{p}}, W = \frac{A}{B}\tilde{W} \tag{4-60}$$

则式(4-52)可表示为：

$$\begin{cases} \dfrac{\partial \tilde{p}}{\partial \tilde{t}} = -a_0^i \dfrac{\partial \tilde{W}}{\partial \tilde{x}} \\ \dfrac{\partial \tilde{W}}{\partial \tilde{x}} = -a_1^i \dfrac{\partial \tilde{p}}{\partial \tilde{x}} + a_3^i \tilde{W}^2 - a_4^i \tilde{W} \end{cases} \tag{4-61}$$

式中：

$$a_0^i = \frac{1}{\varphi_0^i c_{\mathrm{t}}^i f_{\mathrm{p}} h}, a_1^i = \frac{\rho_0 f_{\mathrm{p}} h}{c_{\mathrm{a}}^i}, a_3^i = \frac{\beta_1 h A^2}{c_{\mathrm{a}}^i B^2}, a_4^i = \frac{\mu h A}{c_{\mathrm{a}}^i k_i B} \tag{4-62}$$

考虑在平衡态附近的渗流系统情况，令无量纲变量为 $\tilde{p}$，$\tilde{W}$：

$$\tilde{p} = \tilde{p}_{\mathrm{s}}(x) + p_1(\tilde{t}, \tilde{x})$$

$$\tilde{W} = \tilde{W}_{\mathrm{s}} + W_1(\tilde{t}, \tilde{x}) \tag{4-63}$$

将式(4-63)代入式(4-61)得：

$$\begin{cases} \dfrac{\partial p}{\partial \tilde{t}} = -a_0^i \dfrac{\partial W_1}{\partial \tilde{x}} \\ \dfrac{\partial W_1}{\partial \tilde{x}} = -a_1^i + \dfrac{\partial p_1}{\partial \tilde{x}} + a_2^i W_1 + a_3^i W_1^2 \end{cases} \tag{4-64}$$

其中：

$$a_2^i = 2a_3^i \tilde{W}_{\mathrm{s}} - a_4^i \tag{4-65}$$

式(4-65)为在平衡态附近的非达西渗流系统的演化公式，假定系统出现渗流失稳，令 $\tilde{W}_{\mathrm{s}}=0$。

引入函数 η，则：

$$\tilde{W} = \frac{\partial \eta}{\partial \tilde{t}}, \tilde{p} = -a_0^i \frac{\partial \eta}{\partial \tilde{x}} \tag{4-66}$$

于是：

$$\frac{\partial^2 \eta}{\partial \tilde{t}^2} = a_0^i a_1^i \frac{\partial^2 \eta}{\partial \tilde{x}^2} + a_3^i \left(\frac{\partial \eta}{\partial \tilde{t}}\right)^2 - a_4^i \frac{\partial \eta}{\partial \tilde{t}} \tag{4-67}$$

假定式(4-67)有 $M=h_{\mathrm{D}}-C_{\mathrm{p}}-h_{\mathrm{d}}$ 形式的解，即：

$$\eta=\zeta(t)+\zeta(x)=\zeta(t)+\frac{1}{a_0^t}\left[\frac{p_{i-1}-p_i}{2f_{\mathrm{p}}h_i}\left(x-\frac{H_{i-1}}{h}\right)^2-\frac{p_{i-1}}{f_{\mathrm{p}}h_i}x\right] \tag{4-68}$$

将式(4-68)代入式(4-67)得：

$$\zeta=a_1^i\,\frac{1}{a_0^t}\,\frac{p_{i-1}-p_i}{f_{\mathrm{p}}h_i}+a_3^i\zeta^2-a_4^i\zeta \tag{4-69}$$

由于在任意瞬间 t，ζ 在 $x\in(H_{i-1}/h,H_i/h)$ 任意点相等，式(4-69)右端函数连续得到：

$$\begin{aligned}a_1^1\,\frac{p_0-p_i}{f_{\mathrm{p}}h_1}+a_3^1\zeta^2-a_4^1\zeta&=a_1^2\,\frac{p_1-p_i}{f_{\mathrm{p}}h_2}+a_3^2\zeta^2-a_4^2\zeta=\cdots=a_1^n\,\frac{p_{n-1}-p_n}{f_{\mathrm{p}}h_n}+a_3^n\zeta^2-a_4^n\zeta\\&=\frac{1}{n}\sum_{i=1}^n a_1^i\,\frac{p_{i-1}-p_i}{f_{\mathrm{p}}h_i}+\left(\frac{1}{n}\sum_{i=1}^n a_3^i\right)\zeta^2-\left(\frac{1}{n}\sum_{i=1}^n a_4^i\right)\zeta\end{aligned} \tag{4-70}$$

则式(4-69)化简可得：

$$\zeta=\frac{1}{n}\sum_{i=1}^n a_1^i\,\frac{p_{i-1}-p_i}{f_{\mathrm{p}}h_i}+\left(\frac{1}{n}\sum_{i=1}^n a_3^i\right)\zeta^2-\left(\frac{1}{n}\sum_{i=1}^n a_4^i\right)\zeta \tag{4-71}$$

对式(4-71)积分得：

$$\int\frac{\mathrm{d}\zeta}{\frac{1}{n}\sum_{i=1}^n a_1^i\,\frac{p_{i-1}-p_i}{f_{\mathrm{p}}h_i}+\left(\frac{1}{n}\sum_{i=1}^n a_3^i\right)\zeta^2-\left(\frac{1}{n}\sum_{i=1}^n a_4^i\right)\zeta}=\int\mathrm{d}t \tag{4-72}$$

化简式(4-72)得：

$$\int\frac{\mathrm{d}\zeta}{(\zeta-\lambda_1)^2}=\int\lambda_3\,\mathrm{d}t \tag{4-73}$$

其中：

$$\lambda_1>0;\lambda_2=\frac{\sum_{i=1}^n a_1^i\,\frac{p_{i-1}-p_i}{f_{\mathrm{p}}h_i}}{\sum_{i=1}^n a_3^i\,\frac{h_i}{h}}-\left(\frac{\sum_{i=1}^n a_4^i\,\frac{h_i}{h}}{2\sum_{i=1}^n a_3^i\,\frac{h_i}{h}}\right)^2;\lambda_3>0 \tag{4-74}$$

把公式(4-62)代入式(4-74)得：

$$\lambda_2=\left(\frac{A}{2B\sum_{i=1}^n a_3^i\,\frac{h_i}{h}}\right)^2\left[4\sum_{i=1}^n\frac{\rho_0(p_0-p_n)}{c_{\mathrm{a}}^i}\sum_{j=1}^n\frac{\beta_j h_j}{c_{\mathrm{a}}^j}-\left(\sum_{i=1}^n\frac{\mu h_j}{c_{\mathrm{a}}^j k_i}\right)^2\right] \tag{4-75}$$

根据式(4-75)可知，当 $\lambda_2>0$ 时，渗流系统失稳，则：

$$4\sum_{i=1}^n\frac{\rho_0(p_0-p_n)}{c_{\mathrm{a}}^i}\sum_{j=1}^n\frac{\beta_j h_j}{c_{\mathrm{a}}^j}-\left(\sum_{i=1}^n\frac{\mu h_j}{c_{\mathrm{a}}^j k_i}\right)^2>0 \tag{4-76}$$

当组合岩层加速度系数相等时：

$$4\rho_0(p_0-p_n)\sum_{j=1}^{n}\beta_j h_j-\left(\sum_{i=1}^{n}\frac{\mu h_j}{c_a^j k_i}\right)^2>0 \tag{4-77}$$

若不考虑加速度系数的影响时，式(4-77)与式(4-58)中的 $\Delta<0$ 等同，可作为判别煤层充填开采后底板隔水关键层渗流系统失稳的条件。

4.4.2 充填开采底板隔水关键层渗流稳定性分析

4.4.1 小节对判别复合隔水关键层渗流系统的失稳条件进行了分析。而煤层采用膏体充填综采后，要判别复合隔水关键层渗流系统的稳定性，首先要明确渗透率 k_i 与非达西流 β_i 因子间的关系，其次要明确复合隔水关键层的所在层位关系。因为底板破裂带和裂隙损伤带内的渗透性是不完全相同的，因此，需要分别对各岩层渗透率进行计算，目的就是要确定复合隔水关键层所处的层位。复合隔水关键层可能处于破裂带范围、破裂带与裂隙损伤带之间及裂隙损伤带范围三种，渗透系数取值见式(4-78)。

$$K_{复合}=\begin{cases}K_c & (0\leqslant h\leqslant H_c)\\ K_c,K_f & (0\leqslant h_i\leqslant H_c,H_c\leqslant h_i\leqslant H_f)\\ K_f & H_c\leqslant h_i\leqslant H_f\end{cases} \tag{4-78}$$

国内外学者运用大量数据进行理论分析研究得出不同岩性岩石的渗流特性参数，包括孔隙率 φ_i、渗透率 k_i 等，并总结归纳出孔隙率 φ_i、渗透率 k_i 与非达西流 β_i 因子表现出的幂函数的关系规律，见表 4-2。

表 4-2 渗透特性参数与非达西流 β_i 因子的关系

文献作者	β_i	文献作者	β
Cles&Hartman	$3.51\times10^{12}k_i^{1.88}\varphi_i^{0.449}$	Li 等	$1.15\times10^{9}k_i\varphi_i$
Jones	$2.018\times10^{10}k_i^{1.55}$	Yussefabad	$1.0\times10^{10.115}k_i^{0.835}$
Janicek&Katz	$1.82\times10^{10}k_i^{1.25}\varphi_i^{0.75}$	Geertsma	$1.59\times10^{5}k_i^{0.5}\varphi_i^{5.5}$
Wang 等	$0.000\ 3k_i^{0.613\ 4}$	Bietal	$9.18\sim10.9\times10^{-5}k_i^{0.8}$

渗透系数 k 与非达西流 β 因子的关系幂函数为：

$$\beta=Ak^B \tag{4-79}$$

将式(4-78)和式(4-79)代入式(4-77)得到判别复合隔水关键层渗流稳定性的方程式：

$$\Delta=\begin{cases}4\rho_0(p_0-p_n)A\sum\limits_{i=1}^{n}(K_c)_i^B h_j-\left[\sum\limits_{i=1}^{n}\dfrac{\mu h_i}{(K_c)_i}\right]^2 & (0\leqslant h\leqslant H_c)\\ 4\rho_0(p_0-p_n)A\left[\sum\limits_{j=1}^{j}(K_c)_j^B h_j+\sum\limits_{i=j+1}^{n}(K_f)_i^B h_i\right]- & \\ \quad\left\{\sum\limits_{j=1}^{j}\left[\dfrac{\mu h_j}{(K_c)_j}\right]+\sum\limits_{i=j+1}^{i}\left[\dfrac{\mu h_{j+1}}{(K_f)_{j+1}}\right]\right\}^2 & (0\leqslant h_j\leqslant H_c,H_c\leqslant h_{j+1}\leqslant H_f)\\ 4\rho_0(p_0-p_n)A\sum\limits_{i=1}^{n}(K_f)_i^B h_i-\left[\sum\limits_{i=1}^{n}\dfrac{\mu h_i}{(K_f)_i}\right]^2 & (H_c\leqslant h\leqslant H_f)\end{cases}$$

(4-80)

把式(4-49)代入式(4-80)即可得到煤层充填开采时，不同充填率与底板复合隔水关键层在不同层位时的破裂带岩体的渗流稳定性间的关系，当取 $\Delta=0$ 时，即可得到隔水关键层的渗流系统达到稳定状态时的临界充填率。

岱庄煤矿 16# 煤层为倾斜煤层，采用走向长壁开采，工作面倾斜长度为 120 m，工作面膏体充填步距取 3.6 m，煤层倾角为 12°，为了对膏体充填采空区内底板裂隙带压实后的岩石渗透性进行理论分析，取煤层底板破裂带的孔隙率初始值 $S_0=0.05$，水的黏度 $\mu=1.01\times10^{-9}$ MPa·s，底板破裂带粒径平均值 $d_c=0.05$ m，水的密度 $\rho_w=1.0\times10^3$ kg/m^3。将现场试验工作面各参数代入式(4-43)，为了分析膏体充填开采工作面底板破裂带岩层被重新压实后岩体内部孔隙率与采空区充实率之间的关系，采用 Maple 软件绘制膏体充填开采工作面煤壁前方 200 m 范围以内孔隙率与不同充实率的变化曲线，如图 4-13 所示；再根据式(4-44)，依据底板岩体渗透系数与孔隙率之间的关系，即可得到对应的渗透系数与充实率的关系曲线，如图 4-14 所示。

根据图 4-13、图 4-14 得出：

(1) 膏体充填开采工作面底板裂隙带岩体孔隙率和渗透系数都与充实率呈负相关关系。工作面的充实率在 10%～90%之间时，在工作面煤壁位置底板裂隙带岩体的孔隙率达到峰值，孔隙率峰值在 0.221～0.302 范围内变化，渗透系数峰值在 2.492～7.915 m/s 范围之间变化。

(2) 随着膏体充填开采工作面底板裂隙带岩体被充填体不断压实，岩体内部孔隙率与渗透系数不断下降，自工作面煤壁向采空区中部范围呈现不断降低的趋势，当达到一定距离后而趋于某个定值，孔隙率与渗透系数大致可划分为三个区域：① 急剧降低区(距离煤壁 0～50 m)；② 缓慢降低区(距离煤壁 50～100 m)；③ 稳定区(距离煤壁 100～150 m)。

综合分析得出，膏体充填开采工作面煤壁附近底板裂隙带岩体的孔隙率和

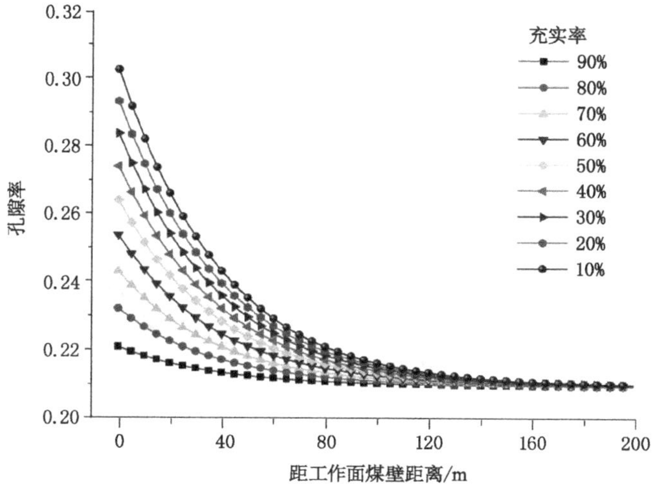

图 4-13 膏体充填工作面底板破裂带孔隙率与不同充实率间的关系曲线

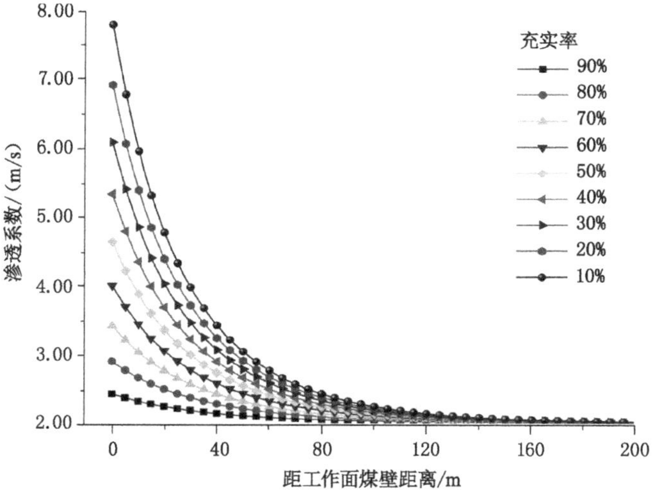

图 4-14 膏体充填工作面底板破裂带渗透系数与不同充实率间的关系曲线

渗透系数均较大，为了使底板隔水关键层发挥最佳隔水性能，关键在于使底板隔水关键层处于底板无裂隙损伤或微裂隙损伤的层位。

根据岱庄煤矿 11607 充填工作面底板隔水关键层的渗流特性的相关参数，将渗透系数 K 与非达西流 β_i 因子的关系式，代入判别复合隔水关键层渗流系统稳定性的公式(4-77)中,对岱庄煤矿 11607 膏体充填采煤工作面距离下部含水层层位分别为 15 m、20 m、25 m、30 m 与 35 m 的复合隔水关键层渗流失稳情况进行判别,进而对临界充实率与渗流失稳间的关系进行理论分析,如图 4-15 所示。

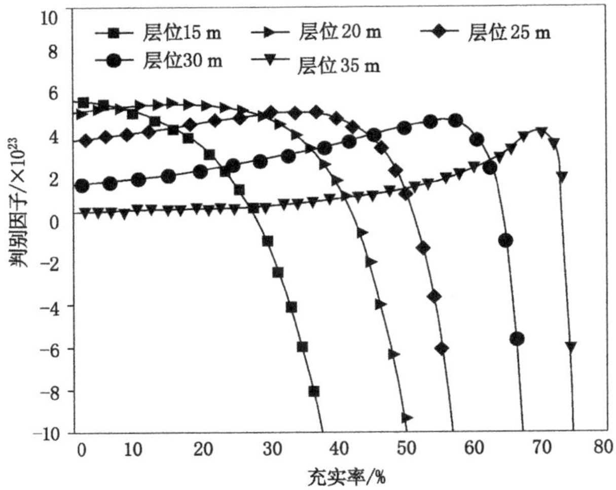

(a) 充实率与判别因子的关系

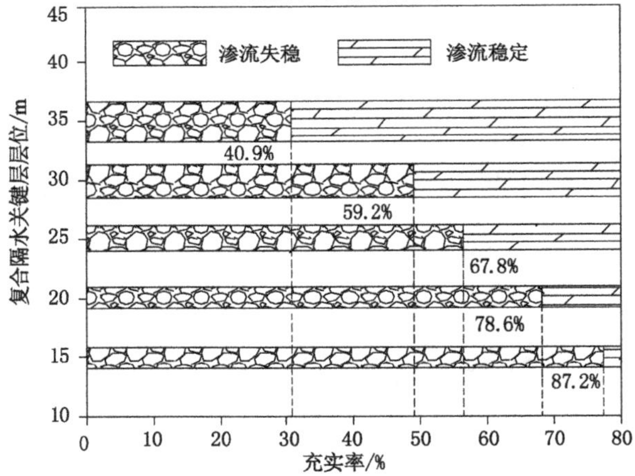

(b) 渗流失稳充实率与底板层位的关系

图 4-15 底板隔水关键层渗流失稳与不同充实率间的关系

由图 4-15 可知,对于岱庄煤矿 11607 膏体充填工作面而言,随着试验工作面与底板含水层间距增大,底板复合隔水关键层发生渗流失稳的临界充实率呈现逐渐降低的趋势。含水层的层位分别为 15 m、20 m、25 m、30 m、35 m 时，对应临界充实率分别为 87.2%、78.6%、67.8%、59.2%、40.9%，并且通过理论分析得出，复合隔水关键层中泥岩的渗透率较小，其渗透性对整个底板复合隔水关键层系统的渗流稳定性起到支配作用。

4.5　本章小结

本章在承压水上充填采煤底板破坏深度及充填作用机理的研究基础上，进一步研究了缓倾斜煤层充填开采时底板隔水关键层的结构和渗流稳定性，主要结论如下。

(1) 采用膏体充填开采承压水上的煤层时，采空区充实率与底板隔水关键层的完整性有直接关系，当采空区的充实率较高时，采空区上覆岩层和底板岩层的变形与移动明显减小，从而弱化底板隔水关键层的损伤裂隙发育和破坏程度；另外，在充填体与覆岩荷载的共同作用下，隔水关键层产生的导水裂隙发生闭合压实，使得突水通道被封闭，从而达到防治承压水上采煤底板突水的效果。

(2) 根据采空区充填效率的不同，对比分析底板隔水关键层的围岩环境，对采空区底板隔水关键层损伤状态进行分类，主要分为未发生渗流突水-底板隔水关键层结构完整、未发生渗流突水-底板隔水关键层结构破坏、发生渗流突水-底板隔水关键层结构破坏。

(3) 构建了缓倾斜煤层底板隔水关键层承受线性增加水压时的力学模型，建立了隔水关键层的挠度函数并对其进行力学分析；推导了判断缓倾斜煤层底板突水的力学表达式 $f(x,y)$，并确定了缓倾斜煤层底板隔水关键层承受的水压极限值。

(4) 确定了底板隔水关键层初始破坏的坐标 (x_0, y_0)，进而推导了判断缓倾斜煤层底板突水的具体力学表达式。通过对充填开采时底板破裂带和裂隙损伤带的渗透分布特征进行分析，并根据层状岩层渗流的动力学方程，构建了充填开采时隔水关键层的非线性渗流动力学模型，并推导了隔水关键层渗流系统的失稳判据。

5 近距离高承压水上充填采煤底板安全性分析

5.1 近距离高承压水上采煤底板突水系数分析

5.1.1 底板突水系数法评价结果分析

根据《煤矿防治水细则》对膏体充填开采 $16^{\#}$ 煤层底板的安全性进行评价，底板突水系数计算公式为：

$$T = \frac{p}{M} \tag{5-1}$$

式中 T——底板突水系数；

M——煤层底板下伏煤岩层中隔水层的厚度；

p——煤层底板下伏煤岩层中隔水层承受的来自承压水的压力。

在理论计算煤层底板下伏煤岩层中隔水层厚度的过程中，需要进一步考虑承压水导升高度 h_d 和底板破坏深度 C_p 两个因素的影响，可得：

$$M = h_D - C_p - h_d \tag{5-2}$$

式中 h_D——下伏含水层距离煤层底板的纵向距离；

h_d——承压水导升高度；

C_p——煤层底板下伏煤岩层受采动影响的破坏深度。

取基于等价采高计算的底板破坏深度为 3 m，11607 工作面膏体充填综采底板十三灰与奥灰还未注浆改造的突水系数计算结果见表 5-1。

表 5-1 11607 工作面充填综采底板突水系数

编号	承受水压/MPa	隔水层厚度/m	水量/(m^3/h)	破坏深度/m	十三灰突水系数/(MPa/m)
$9^{\#}$	3.90	26.0	22.0	3.0	0.17
$8^{\#}$	3.90	27.4	60.0	3.0	0.16
$7^{\#}$	4.10	31.2	14.0	3.0	0.15

表 5-1(续)

编号	承受水压/MPa	隔水层厚度/m	水量/(m^3/h)	破坏深度/m	十三灰突水系数/(MPa/m)
6#	4.30	26.7	3.0	3.0	0.18
5#	4.05	25.6	2.0	3.0	0.18
4#	4.22	28.4	13.5	3.0	0.17
3#	4.27	27.9	7.9	3.0	0.17
2#	4.21	24.0	0.5	3.0	0.20
1#	4.40	27.3	2.0	3.0	0.18

由表 5-1 可知，11607 工作面在膏体充填综采中底板十三灰含水层的突水系数为 0.15～0.20 MPa/m(未注浆改造)，不符合《煤矿防治水细则》中相关要求的规定。因此，需要对底板需要的隔水层厚度进行更新计算，结果见表 5-2。

表 5-2 底板隔水层厚度需求表

钻孔	承受水压(十三灰)/MPa	底板破坏深度/m	实际的隔水层厚度/m	突水系数/(MPa/m)	导升高度/m	需要的隔水层厚度/m
9#	3.90	3.0	26.0	0.1	0	42.0
8#	3.90	3.0	27.4	0.1	0	42.0
7#	4.10	3.0	31.2	0.1	0	44.0
6#	4.30	3.0	26.7	0.1	0	46.0
5#	4.05	3.0	25.6	0.1	0	43.5
4#	4.22	3.0	28.4	0.1	0	45.2
3#	4.25	3.0	27.9	0.1	0	45.7
2#	4.21	3.0	24.0	0.1	0	45.1
1#	4.40	3.0	27.3	0.1	0	47.0

由表 5-2 可知，十三灰隔水层厚度需求最大为 47.0 m。另根据 5# 钻孔奥灰含水层水压情况，奥灰上表面与 11607 工作面底板垂距为 52.4 m，钻孔探明奥灰含水层的水压为 4.7 MPa，要达到突水系数小于 0.1 MPa/m 的要求，底板隔水层厚度应大于 52.4 m。实际十三灰距 16# 煤最小距离约为 24 m，奥灰距离 16# 煤 52.4 m，这意味着欲使底板含水层突水系数小于 0.1 MPa/m，则必然要将十三灰改造成隔水层，而后再对奥陶系上界以下一定范围内进行注浆改造，而在 2.2 节中，已经对 11607 工作面底板承压含水层十三灰与奥灰进行了注浆改造，十三灰、奥灰隔水层安全厚度示意如图 5-1 所示。

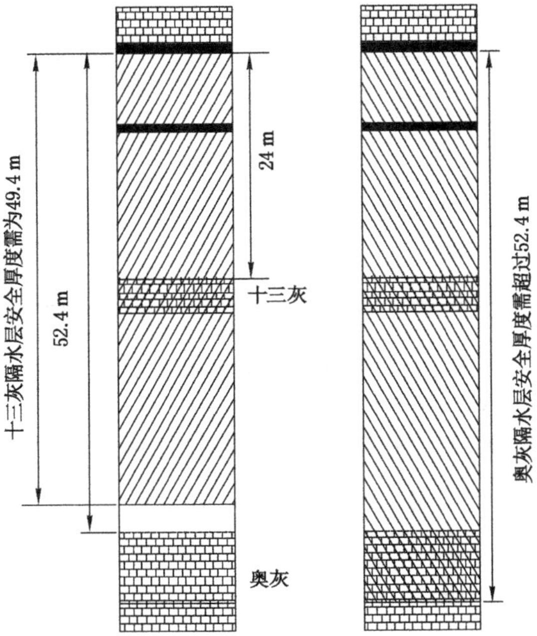

图 5-1　十三灰、奥灰隔水层安全厚度示意图

由图 5-1 可知，对 11607 工作面底板承压含水层十三灰与奥灰注浆改造后的隔水层厚度需要满足表 5-2 中的隔水层厚度需求。因此，在 11607 工作面底板注浆改造的基础上，采用膏体充填综采近距离高承压水上煤层，使突水系数小于 0.1 MPa/m，满足《煤矿防治水细则》中规定的要求，11607 工作面可实现近距离高承压水上开采。

5.1.2　底板突水系数法评价的局限性

岱庄煤矿 11607 工作面采用走向长壁采煤法，膏体充填处理采空区。膏体材料逐步充入采空区后，充填体强度随着时间效应逐渐增加，与未采煤体一同对围岩起到支撑作用，进而减小了顶板活动空间，限制了顶板覆岩的移动变形，膏体充填开采可以将工作面的推进过程等效为开切眼不断向前推进，所以膏体充填工作面矿山压力与开掘巷道类似，而巷道开挖对围岩应力场的扰动程度相比垮落法开采小得多，所以膏体充填工作面顶板围岩不会发生直接顶的初次垮落以及基本顶的周期性垮落。因此，利用长壁工作面惯用的突水系数法评价并不恰当，应考虑利用《煤矿防治水细则》中推荐的掘巷底板安全厚度评价公式评价。另外，采用膏体充填处理采空区还需注意如下事项。

(1) 可采取措施降低超前支承压力的最大值，以降低底板的破坏深度。

(2) 为降低煤层顶底板暴露的时间和面积，应及时进行膏体充填施工，使得膏体充填体对采空区顶底板产生及时的支承力。

(3) 为避免导水通道在渗流作用或水流冲刷作用下不断扩张，应对采空区已出现的出水通道进行及时封堵，避免产生额外的井下排水费用，甚至引起突水事故。因组成充填体的材料多种多样，配比也有所变化，而充填体渗透系数又与材料和配比有直接关系，因此充填体对地下渗流的阻断能力需经科学试验后才能得出。

5.2 近距离高承压水上充填采煤底板安全性分析

5.2.1 底板隔水关键层梁式模型构建

膏体充填工作面成功的关键在于充填体能否支撑来自顶板覆岩的荷载，而充填体的受力及变形又是其中的关键。本书以具有相似煤层赋存特征的朱村煤矿膏体充填开采实践为例，分析随着工作面的不断向前推进，采空区膏体充填体受力与变形特征以及充填体所经历的应力状态变化，进而为构建底板隔水关键层梁式模型提供理论数据支撑。朱村煤矿一$_5$煤 54007 充填开采工作面的采空区充填体承受荷载的变化曲线及充填体的压缩量分别如图 5-2、图 5-3 所示。

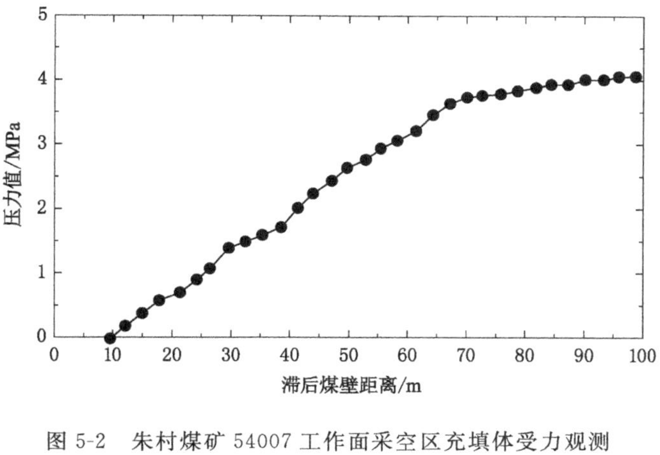

图 5-2 朱村煤矿 54007 工作面采空区充填体受力观测

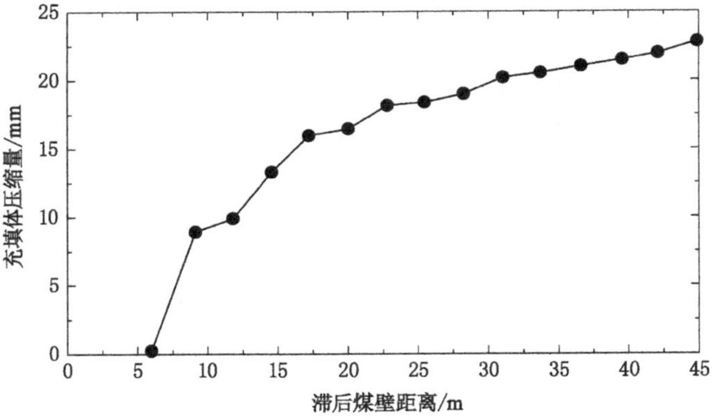

图 5-3　朱村煤矿 54007 工作面采空区充填体变形观测

由图 5-2 可知，随着工作面开采推进，膏体充填体逐步充填采空区，其强度随着时间效应逐渐增加，与未采煤体一同对围岩起到支撑作用，减少了顶底板活动的空间，限制了顶底板的移动变形，使得采空区顶底煤岩体重新恢复到原岩应力状态，在该过程中充填体承受的荷载呈线性急剧上升并最终趋于平稳的趋势。其次，工作面推进 22 m 期间，膏体充填体所承受的荷载急剧上升至 1.5 MPa；在工作面推进 62 m 后，膏体充填材料的塑性强化特性开始表现出来，膏体充填体所承受的荷载在 3.8 MPa 左右，之后充填体受力维持在 3.8～4.0 MPa，并大致保持平稳趋势，说明顶底板已基本趋于稳定。当采空区充填体距离煤壁达到 40 m 时，充填体承受荷载为 2 MPa，与承压水的水压值相等，此时隔水层处于临界稳定状态。

由图 5-3 可知，随着工作面向前推进，采空区充填体凝固形成承载结构，在该过程中充填体的压缩量与承受的荷载变化规律大致相同，均呈线性快速上升并最后趋于平稳的趋势。当工作面的推进到达 14 m 后，充填体压缩量呈线性急剧上升趋势，压缩量迅速上升至 16 mm 左右；当工作面推进在 16～45 m 时，充填体压缩量增加速率变缓，压缩量缓慢增加到 23 mm 左右。

结合现场监测结果，膏体充填体承受荷载变化趋势如图 5-4 所示。随着工作面的不断向前推进，膏体材料逐步充入采空区，充填体将经历以下 2 个关键应力状态。

(1) 平衡水压力状态。充填体强度在平衡水压力状态所承受的荷载强度，叫作耐水压强度，保证近距离高承压水上采煤底板的安全性的关键就在于充填体的耐水压强度。当采空区采用膏体材料充填后，随着充填体承受上部覆岩重

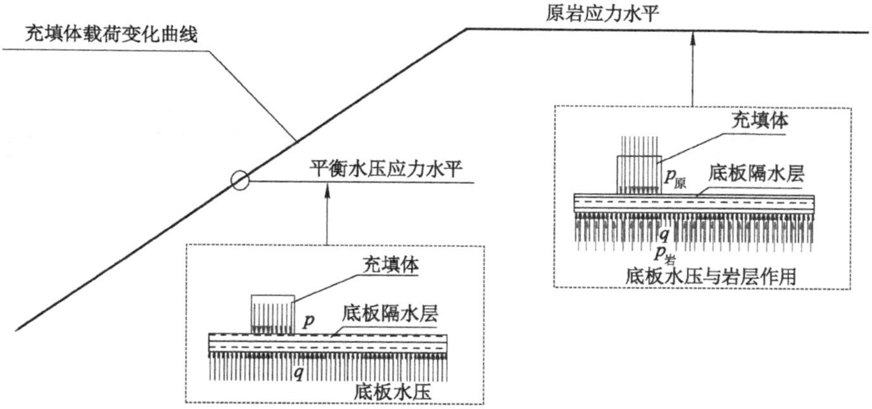

图 5-4　充填体荷载变化趋势

力荷载不断增加，采空区下部隔水层在垂直方向上受到两种应力作用，在其上方受到上部覆岩重力荷载压力作用，在其下方受到下部含水层承压水水压以及岩层支撑的耦合作用，在这两种应力共同作用下，隔水层处于临界受力平衡状态，此时采空区下部隔水层依然可以保持稳定平衡状态。

(2) 原岩应力状态。随着膏体充填工作面继续向前推进，与后方采空区膏体充填体达到一定距离时，形成充填体和采空区顶底板之间的“底板-充填体-顶板”相互作用体系，使得充填体内部和充填体顶底板恢复到原岩应力状态。充填体形成承载结构到最终能完全承受并传递上覆岩层的重力荷载，其最终强度直接影响采空区底板隔水层的安全稳定，并直接影响矿区地表的下沉变形量。虽然国内外学者对于膏体充填工作面底板承压水防治的理论研究和现场应用实践较多，但对于近距离高承压水上安全采煤仍需要进行进一步的研究分析。通过构建膏体充填采空区下伏隔水层的安全性评价模型，对采空区底板在承压水作用下的失稳过程进行分析。充填开采使得充填体和顶底板间形成“底板-充填体-顶板”承载体系，如图 5-5 所示，当隔水层处于受力临界平衡状态时，工作面煤壁和采空区膏体充填体之间的隔水层可看作固定两端的梁，煤壁与充填体之间的距离叫作控顶距。为构建底板隔水层破坏的理论模型，做出以下假设。

① 当充填体承受的荷载增加到大于底板承压水的水压时，采空区下部隔水层在垂直方向上受到两种应力作用，其一是受到上部覆岩的重力荷载，其二是受到下部含水层的承压水水压和岩层支撑的耦合作用。在这两种应力的共同作用下，隔水层仍旧处于临界受力平衡状态，此时若忽略向下的黏聚力，隔水层

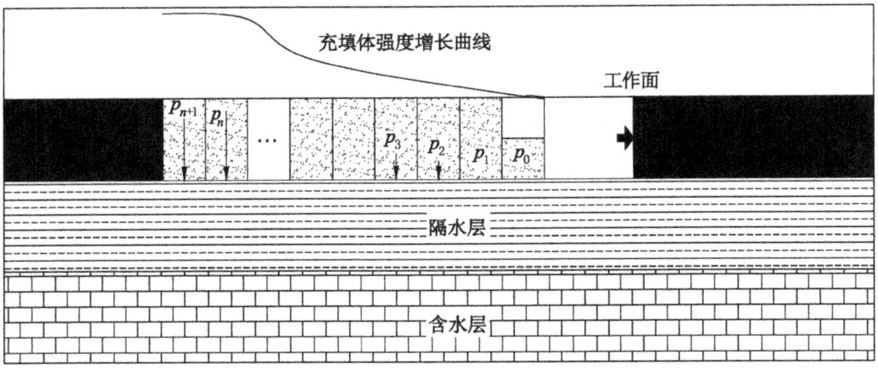

图 5-5　采空区膏体充填体强度增长曲线

下部承压水的水压和岩层支撑的方向均向上。

② 沿工作面走向取任一剖面均为平面应变模型。

③ 从工作面至采空区充填体恢复到原岩应力处，充填体承受上部覆岩的重力荷载呈线性增加趋势。

根据以上假设，构建如图 5-6 所示的底板隔水层四边固支梁力学模型。

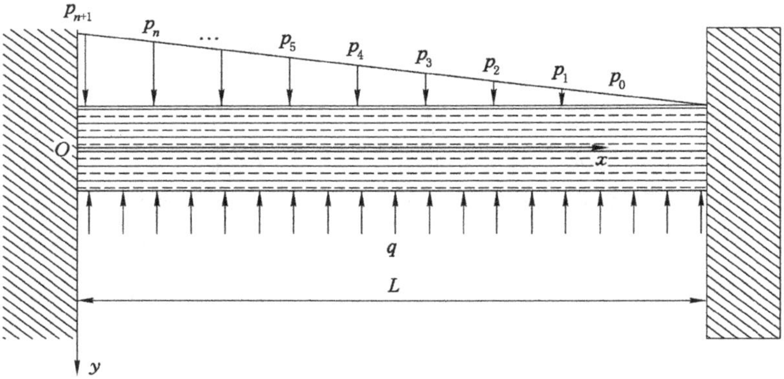

图 5-6　底板隔水层四边固支梁力学模型

根据固支梁理论得出渐变荷载的挠度可表示为：

$$w_{渐} = \frac{q_0 x^2}{120EIL}(3L^3 - 7L^2 x + 5Lx^2 - x^3) \tag{5-3}$$

荷载均布的挠度方程为：

$$w_{均}=-\frac{qx^2}{24EI}(L-x)^2 \tag{5-4}$$

合并式(5-3)和式(5-4)可得：

$$w=\frac{q_0x^2}{120EIL}(3L^3-7L^2x+5Lx^2-x^3)-\frac{qx^2}{24EI}(x^2-2Lx+L^2) \tag{5-5}$$

式中 $w_{渐}$，$w_{均}$，w——固支梁渐变荷载、均布荷载和合并后荷载的挠度；

q_0——隔水层处于临界受力平衡时，充填体对下伏煤岩层作用的荷载；

q——下部承压水的水压和岩层自重的合力；

E——下伏煤岩层平均弹性模量；

I——惯性矩。

膏体充填工作面后方采空区充填体恢复到原岩应力时，$q=q_0$，固支梁挠度为：

$$w=-\frac{qx^2}{120EIL}(2L^3-3L^2x+x^3) \tag{5-6}$$

所以其弯矩为：

$$M=-\frac{qL^2}{30}+\frac{3qLx}{20}-\frac{qx^3}{6L} \tag{5-7}$$

应力沿 x 轴为：

$$\sigma_x=\frac{My}{I_z} \tag{5-8}$$

$$\sigma_x=\frac{y}{I_z}\left(-\frac{qL^2}{30}+\frac{3qLx}{20}-\frac{qx^3}{6L}\right) \tag{5-9}$$

当 $x=L$，$y=h/2$ 时可得其最大值，即：

$$\sigma_{\max}=\frac{3qL^2}{10h^2}=0.3q\left(\frac{L}{h}\right)^2 \tag{5-10}$$

式中 h——采空区下部隔水层的完整厚度。

根据式(5-10)可知，采空区下部隔水层受到控顶距 L 的直接影响，L 值越大，隔水层底部形成的水平拉应力越大，最终导致隔水层拉裂破坏情况的发生。当 $\sigma_{\max}=\sigma_t$ 时，隔水层发生拉裂破坏，所以控顶距最大值 $L_{\max}$ 为：

$$L_{\max}=h\sqrt{\frac{10\sigma_t}{3q}} \tag{5-11}$$

式中 σ_t——采空区下部隔水层的加权抗拉平均强度。

考虑控顶距安全系数 k，可得：

$$k=\frac{L_{\max}}{L} \tag{5-12}$$

$$L = vt + L_{支} \tag{5-13}$$

式中 v——平均割煤速度；

t——充填体达到耐水压强度所需的时间；

$L_{支}$——液压支架顶梁的长度。

将式(5-11)和式(5-13)代入式(5-12)得：

$$k = \frac{h\sqrt{\dfrac{10\sigma_t}{3q}}}{vt + L_{支}} \tag{5-14}$$

煤层下伏隔水层的安全系数依据充填工艺的不同情况，可以根据式(5-14)计算，因公式尚未经实践检验，根据式(5-14)所提出的充填工艺参数的安全性检验，需要根据《煤矿防治水细则》规定的巷道开挖后其底板的安全厚度公式，验证近距离高承压水上采煤采用膏体充填采空区时下伏隔水层的安全性。

5.2.2 底板安全性影响因素分析

分析式(5-14)可知，增加安全系数的方法有：

(1) 增加隔水层厚度 h，采用底板注浆的方式来加固底板煤岩层；

(2) 提高隔水层强度 σ_t，通常采取底板注浆的方式来强化底板煤岩层；

(3) 减少耐水压强度的达到时间 t，可选择早强的膏体充填材料；

(4) 减缓膏体充填工作面向前割煤的速度 v；

(5) 降低底板自重和承压水水压的合力 q，现场可采取人工疏降承压水水压的方式。

根据岱庄煤矿 11607 膏体充填工作面现场实际开采条件，对于岱庄煤矿的近距离高承压水上采煤采取的安全保障措施主要有以下四点：

(1) 减小 11607 膏体充填工作面的割煤速度 v；

(2) 优化充填材料配比；

(3) 注浆加固煤层底板，进而提高隔水层的强度 σ_t 和增大隔水层的厚度 h；

(4) 现场采取人工疏降承压水水压的方式。

但就现场开采实践角度而言，膏体充填工作面向前割煤的速度调整空间很局限，且目前改变充填材料耐水压强度的达到时间也具有局限性，可以采用现场对工作面底板注浆的方式，通过增加隔水层厚度和强度达到对底板隔水层进行改造的效果，另外可结合人工疏降承压水水压的方式。这两种措施往往需要面临技术困难和经济成本较高等现实问题。因此，增加底板隔水层的安全系数应结合矿井开采实际情况采取综合治理措施。

5.3　工作面充填步距与底板安全厚度分析

5.3.1　工作面充填步距分析

5.3.1.1　充填体达到耐水压强度时间为 1 d 时

根据第 5.2 节近距离高承压水上采煤建立的底板力学模型可知，随着工作面不断向前推进，煤壁至工作面后方采空区充填体之间存在一定距离的控顶距，此时工作面底板处于无支护暴露的状态，根据受力平衡特点，底板上表面失去上部覆岩的重力荷载，而底板的下部受到向上的承压水水压和围岩应力的支承力作用，其达到一定程度时底板将发生底鼓变形破坏，进而引起底板隔水层的变形破坏。因此，在煤壁附近下边界的下部隔水层将产生拉伸力，且随着控顶距的不断增加，该拉应力也随之增大，当达到某极限值时，工作面底板隔水层将发生拉裂破坏，形成大量导水裂隙，使得底板承压水发生突水，引发事故。所以，工作面控顶距安全系数 k 须大于 1，以确保安全。

(1) 当日充填步距在 1.2～3.6 m 范围内，依据底板破坏深度，充填体的耐水压强度时间满足 1 d 时，工作面下伏煤岩层破坏深度范围为 4.6～6.1 m。现场 11607 工作面底板奥灰隔水层完整厚度取 46.3～47.8 m，十三灰隔水层完整厚度取 16.9～19.4 m(11607 工作面底板至十三灰隔水层最小距离约为 24 m，至奥灰隔水层约为 52.4 m，根据现场地质钻孔确定底板奥灰和十三灰承压水的导升高度原始值是 0 m)。

(2) 工作面底板十三灰和奥灰隔水层荷载分别为 3.80 MPa、3.39 MPa (11607 工作面底板十三灰隔水层与工作面最近距离约为 24 m，十三灰隔水层承受上部隔水层向下的重力荷载为 0.6 MPa；工作面现场地质钻孔显示，十三灰隔水层承受含水层的最大水压值约为 4.4 MPa，所以十三灰隔水层荷载为 3.80 MPa。11607 工作面底板奥灰隔水层与工作面最近距离约为 52.4 m，奥灰隔水层承受上部隔水层向下的重力荷载为 1.31 MPa；工作面现场地质钻孔显示，奥灰隔水层承受含水层的最大水压值约为 4.7 MPa，所以奥灰隔水层荷载为 3.39 MPa)。

(3) 根据 11607 工作面现场支架情况，$L_{支}$ 工作面支架支护范围的宽度取 6 m。

(4) 11607 工作面底板十三灰和奥灰隔水层抗拉强度 σ_t 分别为 0.4 MPa、0.35 MPa。

当膏体充填体达到耐水压强度的时间取 1 d 时，工作面底板隔水层的安全系数与工作面日进尺之间的关系如图 5-7 所示。由图 5-7 可以看出，当工作面日进尺小于 3.6 m 时，十三灰与奥灰隔水层的安全系数分别为 1.1～1.6、2.8～3.9，两种隔水层的安全系数均大于 1。

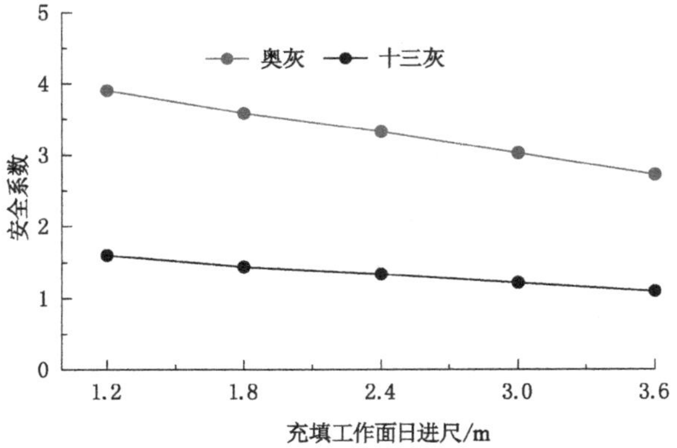

图 5-7　充填体 1 d 达到耐水压强度时底板隔水层安全系数

5.3.1.2　充填体达到耐水压强度时间为 2 d 时

当膏体充填体达到耐水压强度的时间取 2 d 时，工作面底板隔水层的安全系数与工作面日进尺之间的关系如图 5-8 所示。由图 5-8 可知，当膏体充填体达到所需强度的时间取 2 d 时，工作面底板十三灰和奥灰隔水层的安全系数都随着工作面日进尺的增加而降低，而且十三灰隔水层的安全系数始终比奥灰隔水层小；当工作面日进尺小于 2.4 m 时，奥灰隔水层与十三灰隔水层的安全系数分别为 2.6～3.4 与 1.0～1.4，两种隔水层的安全系数均大于 1。

据此初步设计，膏体充填的参数如下：

(1) 充填体耐水压强度为 1 d 时，工作面日进尺应小于 3.6 m，对应初步设计的充填步距为 3.6 m。

(2) 充填体耐水压强度为 2 d 时，工作面日进尺应小于 2.4 m，对应初步设计的充填步距为 2.4 m。

5.3.2　底板安全厚度评价

5.3.2.1　综合考虑十三灰、奥灰含水层的威胁

采用掘巷底板隔水层安全厚度公式进行此方案的底板隔水层安全性评价，公式如下：

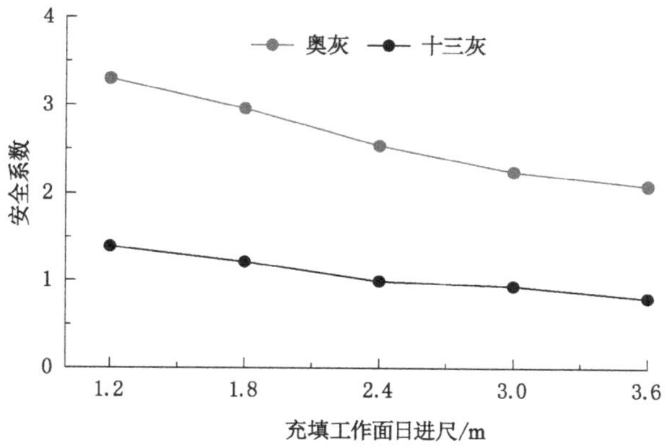

图 5-8 充填体 2d 达到耐水压强度时底板隔水层安全系数

$$t=\frac{L\left(\sqrt{\gamma^2L^2+8K_\mathrm{p}p}-\gamma L\right)}{4K_\mathrm{p}} \tag{5-15}$$

式中 t——底板隔水层安全厚度；

γ——底板岩层容重；

p——支护强度；

K_p——十三灰隔水层平均抗拉强度；

L——等效巷道宽度。

在充填体 1 d 或 2 d 达到耐水压强度的情况下，对于十三灰隔水层平均抗拉强度和底板岩层容重而言，取 $K_\mathrm{p}=\sigma_\mathrm{t}=0.4$ MPa，$\gamma=0.025$ MN/m^3，不考虑支架的支护作用，此时 $p=4.4$ MPa；对于奥灰隔水层平均抗拉强度和底板岩层容重而言，取 $K_\mathrm{p}=\sigma_\mathrm{t}=0.35$ MPa，$\gamma=0.025$ MN/m^3，不考虑支架的支护作用，此时 $p=4.7$ MPa。以此计算不同推进速度底板隔水层安全厚度，计算结果见表 5-3、表 5-4。

表 5-3 十三灰隔水层安全厚度校核

工作面推进速度/(m/d)	耐水压强度龄期/d	等效巷道宽度/(L/m)	隔水层安全厚度需求/m	十三灰至 16# 煤最小距离/m	采动底板破坏深度/m	完整隔水层实际厚度/m
1.2	1	7.2	16.1	24	4.6	19.4
1.8	1	7.8	17.4	24	5.0	19.0
2.4	1	8.4	18.6	24	5.4	18.6

表 5-3(续)

工作面推进速度/(m/d)	耐水压强度龄期/d	等效巷道宽度/(L/m)	隔水层安全厚度需求/m	十三灰至16#煤最小距离/m	采动底板破坏深度/m	完整隔水层实际厚度/m
3.0	1	9.0	19.9	24	5.8	18.2
3.6	1	9.6	21.1	24	6.1	17.9
1.2	2	8.4	18.6	24	5.4	18.6
1.8	2	9.6	21.1	24	6.1	17.9
2.4	2	10.6	23.2	24	6.9	17.1
3.0	2	12.0	26.0	24	7.7	16.3
3.6	2	13.2	28.4	24	8.4	15.6

表 5-4　奥灰隔水层安全厚度校核

工作面推进速度/(m/d)	耐水压强度龄期/d	等效巷道宽度/(L/m)	隔水层安全厚度需求/m	奥灰至16#煤最小距离/m	采动底板破坏深度/m	隔水层实际厚度/m
1.2	1	7.2	17.7	52.4	4.6	47.8
1.8	1	7.8	19.2	52.4	5.0	47.4
2.4	1	8.4	20.5	52.4	5.4	47.0
3.0	1	9.0	21.9	52.4	5.8	46.6
3.6	1	9.6	23.3	52.4	6.1	46.3
1.2	2	8.4	20.5	52.4	5.4	47.0
1.8	2	9.6	23.3	52.4	6.1	46.3
2.4	2	10.6	25.5	52.4	6.9	45.5
3.0	2	12.0	28.6	52.4	7.7	44.7
3.6	2	13.2	31.2	52.4	8.4	44.0

经掘巷底板安全隔水层厚度公式检验，采取膏体充填开采后奥灰隔水层厚度满足掘巷底板隔水层安全厚度需求；十三灰隔水层厚度满足掘巷底板隔水层安全厚度需求有两个前提，一是工作面推进速度不得超过 2.4 m/d，二是充填体最快达到耐水压强度时间为 1 d。但试验阶段为安全起见，可先将工作面的推进速度设定为 1.2 m/d，然后对底板的破坏深度和矿压显现进行观测，在完全掌握底板破坏规律的基础上逐步加快工作面推进速度。

5.3.2.2　*仅考虑奥灰含水层的威胁*

若仅考虑奥灰含水层的威胁，在表 5-4 中所列的工艺参数下，工作面底板隔水层厚度均能满足掘巷底板隔水层安全厚度要求。因此，如果考虑的威胁为奥灰突水，则合理的工艺参数可以选择“工作面推进速度为 3.6 m/d，充填体达到耐水压强度的所需时间为 1 d”。

5.4　承压水上膏体充填开采底板安全性评价流程

根据前文分析可知，膏体充填工作面底板岩层的破坏深度与其等效巷道宽度有关，所提出的膏体充填底板安全性评价法建立了底板跨度与充填工艺之间的关系，初步确定充填工艺参数后需经掘巷底板隔水层安全厚度公式检验。评价体系的分析过程为：对比底板极限跨度与等效巷道宽度，确定控顶距安全系数，并据此初步提出膏体充填工作面工艺参数，在此基础上进行掘巷底板安全厚度的验证，确定可行的膏体充填工艺参数。膏体充填工作面底板安全性评价流程如图 5-9 所示。

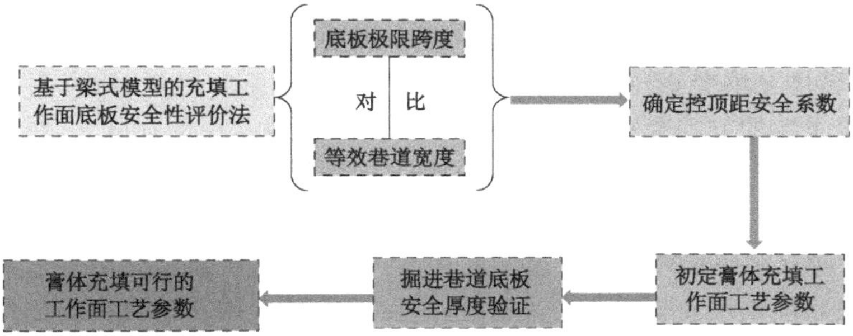

图 5-9　膏体充填工作面底板安全性评价流程图

本书所提出的评价方法在掘巷底板安全厚度评价法的基础上引入了膏体充填开采工艺参数，确保膏体充填开采的经济性，但其评价结果最终要经《煤矿防治水细则》中的掘巷底板安全厚度评价法检验，确保其安全性。

5.5　本章小结

(1) 根据突水系数评价法计算得到：11607 工作面在膏体充填综采底板十三灰含水层的突水系数为 0.15～0.20 MPa/m(未注浆改造)，不符合《煤矿防治水细则》中的相关规定；计算出十三灰隔水层厚度需求最大为 47.0 m，奥灰隔水层厚度应大于 52.4 m，而实际十三灰含水层距 16# 煤最小距离约为 24 m，奥灰含水层距离 16# 煤 52.4 m，这意味着欲使突水系数小于 0.1，则必然要将十三灰含水层改造成隔水层，而后再对奥陶系上界以下一定范围内进行注浆改造。11607 工作面底板承压含水层十三灰与奥灰注浆改造后的隔水层厚度需要满足膏体充填隔水层厚度需求。因此，在 11607 工作面底板注浆改造的基础上，采用膏体充填综采近距离高承压水上煤层，突水系数小于 0.1 MPa/m，满足《煤矿防治水细则》中的要求，11607 工作面可实现近距离高承压水上开采。

(2) 在突水系数法评价中，膏体充填开采的作用仅体现在减小底板破坏深度上，但在充填体实际作用过程中，膏体充填材料逐步充入工作面后方采空区，由于时间效应，充填体状态由凝胶状逐渐变为坚实固体状，使得充填体强度与支撑性能逐渐增强，充填体逐渐对采空区顶底板发挥支撑作用。充填工作面产生的矿山压力显现与开掘巷道类似，等效于在采煤过程中把开切眼整体向前不断推进。因此，膏体充填工作面底板的安全性评价采用传统的突水系数法是不合理的，也是保守的。

(3) 构建了膏体充填工作面底板梁式力学模型，得到了底板隔水层发生拉裂破坏时控顶距的极限值和煤层下伏隔水层的安全系数与充填参数之间的关系；分析膏体充填带压开采条件下底板隔水安全性影响因素，研究表明提升隔水层安全系数的方式有增加隔水层的厚度 h、提高隔水层的强度 σ_t、减少耐水压强度的达到时间 t、减缓膏体充填工作面向前割煤的速度 v、降低底板自重和承压水水压的合力 q。

(4) 建立了底板跨度与充填工艺之间的关系，初步确定充填工艺参数后需经掘巷底板隔水层安全厚度公式检验，进而提出了膏体充填底板安全性评价流程为：对比底板极限跨度与等效巷道宽度，确定控顶距安全系数，并据此初步提出膏体充填工作面工艺参数，在此基础上进行掘巷底板安全厚度的验证，进而确定可行的膏体充填工艺参数。

6 近距离高承压水上充填采煤底板破坏数值模拟分析

6.1 数值模拟模型构建及参数确定

6.1.1 数值模型构建

6.1.1.1 沿煤层走向数值模拟构建

根据岱庄煤矿 11607 膏体充填工作面实际参数与矿井综合柱状图，综合考虑 16# 煤层 11607-2# 区域钻孔等地质钻孔实际情况，11607-2# 钻孔表明该充填工作面下部的隔水层（十三灰）厚度为 24 m。因此，为提高数值模拟结果的准确度和安全保障性，使模拟结果更贴近开采实际，本次数值模拟的原型地点为该试验充填面的隔水层，建立沿煤层走向的 FLAC3D 数值模拟模型如图 6-1 所示，相关模拟参数设计如下。

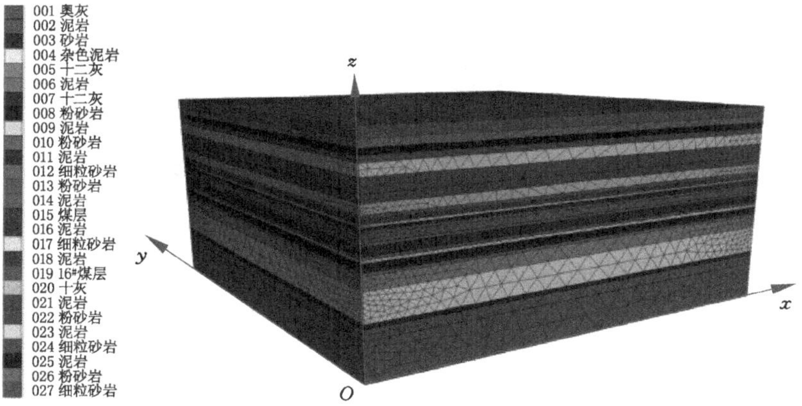

图 6-1 沿煤层走向方向数值模型

(1) 设计模型高度为 114.6 m，长、宽均为 200 m，模拟 16# 煤层采高 2 m，16# 煤层与模型最上部边界距离为 39.6 m，与模型下底部边界距离为 75 m。为了充分体现本次模拟 11607 工作面采空区采用膏体充填技术后，煤层下部主要含水层受在煤层顶板形成的“上三带”(垮落带、裂隙带和弯曲下沉带)，以及在煤层底板形成的“下三带”(破坏带、完整岩层带和承压水导升带)的影响，设计模型中 16# 煤层距离下部奥灰含水层上界及十三灰含水层上界分别为 53 m、24 m，所设计的模型上下边界范围满足模拟需求。

(2) 设计模型中 11607 膏体充填工作面倾斜长度为 120 m，煤层埋深为 541.6 m，在距离模型左端 50 m 处布置开切眼，自模型左端向右开采推进，假定在 11607 工作面中部选择任意剖面都为应变平面模型。

(3) 设计模型边界煤柱留设宽度为 50 m，分别设在工作面的左右两端，模型自左端 50 m 向右开采，累计推进距离为 100 m。

6.1.1.2　沿煤层倾向数值模拟构建

同理，结合岱庄煤矿现场 11607 工作面实际情况，构建沿煤层倾斜方向的三维流固耦合数值模型，如图 6-2 所示，相关模拟参数设计如下。

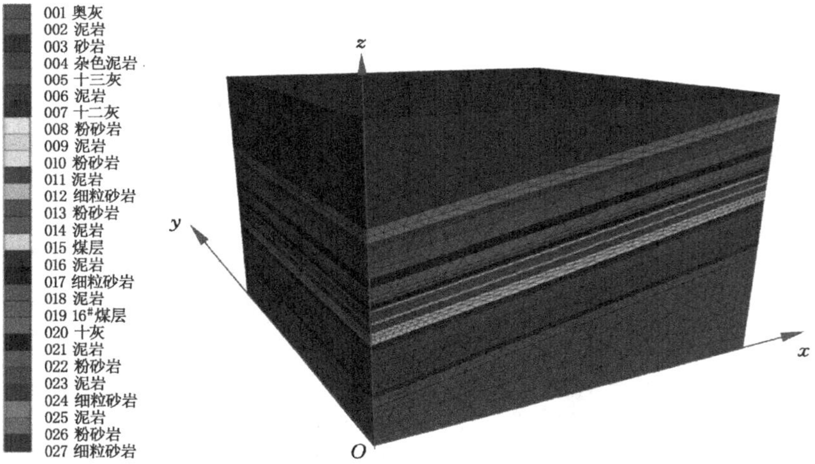

图 6-2　沿煤层倾斜方向的三维流固耦合数值模型

(1) 设计模型高度为 114.6 m，长、宽均为 200 m，模拟 16# 煤层采高 2 m，16# 开采煤层与模型最上部边界、模型下部边界的层间距分别 39.6 m、75.0 m。为了充分体现本次模拟 11607 工作面采空区采用膏体充填技术开采后，为研究 16# 缓倾斜煤层 11607 工作面充填开采时，在采动和承压水的共同作用下沿煤层倾向工作面底板破坏带深度、承压水导升裂隙高度及预测底板突水位置，设计模型中开采煤层与下部奥灰含水层上界、下部十三灰含水层上界的距离分别为 53 m、24 m，所设计的模型上下边界范围满足模拟需求。

(2) 设计模型中该膏体充填工作面倾向长度为 120 m，左右两侧各留 50 m 边界煤柱，模型自前端向后端开采推进，假定在 11607 工作面中部选择任意剖面都为应变平面模型。

(3) 设计模型边界煤柱留设宽度均为 50 m，模型自前端向后端开采，累计推进距离为 100 m。

6.1.2 边界条件设计

6.1.2.1 覆岩荷载

11607 膏体充填工作面平均埋深为 541.6 m，工作面与模型上边界距离为 39.6 m，对模型上部缺失岩层施加等效荷载，取模型上部覆岩平均容重为 0.025 MN/m^3。则模型上部缺失岩层在模型上部边界的荷载为：

$$p = H\gamma \tag{6-1}$$

式中 p——上部覆岩荷载；

γ——模型上部覆岩平均容重；

H——模型最顶端边界与地表的纵向垂距。

代入相关数据计算可得，上部覆岩施加在模型最顶端边界的荷载为 12.55 MPa。

6.1.2.2 含水层水压

根据岱庄煤矿 16$^{\#}$ 煤层 11607 工作面现场施工的 9 个地质钻孔的情况，11607 下部奥灰含水层的最大水压值约为 4.7 MPa，下部十三灰含水层的最大水压值约 4.4 MPa。

6.1.2.3 充填体作用

充填体受力是一种被动机制，假设充填体对采空区的充填率为 100%，充填体凝固后刚好接顶，随着工作面不断向前推进，采空区顶板弯曲下沉变形后对充填体施加上部覆岩的自重荷载，进而使充填体被动产生向上的力，对采空区顶板产生支撑作用。设计模型中充填体埋深与 16$^{\#}$ 煤层的埋深相同，均为 541.6 m，充填体与模型最顶端边界的距离为 39.6 m，模型上部缺失岩层施加等效荷载估算过程与 6.1.2.1 小节分析相同，那么充填体所产生的向上的支撑力与施加在模型上边界的荷载相同。

6.1.2.4 充填液压支架作用

据岱庄煤矿现场膏体充填11607工作面的平巷尺寸和实际长度，在布置综采设备时，为了将充填液压支架与MG200/500-AWD型工作面采煤机（设计采煤机截深为600 mm）、SGZ730/400型刮板输送机进行配套，并满足主要技术参数的要求，11607工作面选择ZC6200/17/32型前置正四连杆四柱支撑式液压支架（见图6-3），其主要参数如表6-1所列。

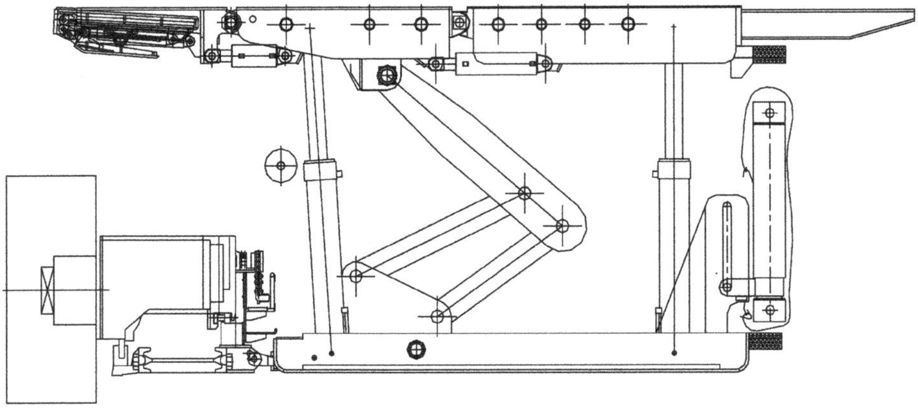

图6-3 充填液压支架结构图

表6-1 ZC6200/17/32型充填液压支架主要参数

参数	数值	参数	数值
支架顶梁长度/mm	5 785	中心距/mm	1 500
初撑力理论值/kN	1 300	初撑力/kN	4 650
架间中心间隔/mm	1 500	工作阻力/kN	6 200
工作阻力理论值(4柱)/kN	6 200	支护强度/kN	0.71～0.72
支架高度/mm	1 700～3 200	底板平均比压/kN	1.85～2.31
使用高度/mm	2 000～3 000	操纵方式	手动本架控制
整架宽度/mm	1 440～1 600	设计质量/t	17.97

根据现场对支架工作阻力的观测，部分支架工作阻力只达到初撑力的80%，因此为安全起见，计算支架支护强度时取支架理论支护强度的80%，考虑

顶梁前段与煤壁有一定的距离，顶梁长度按 6 m 计算，则充填液压支架的支护强度为 0.55 MPa。

通过上述分析，建立的数值计算模型所用条件如下：

(1) 为限制模型底端边界位移，将其设置为铰支结构固定；

(2) 设置模型前后边界为固定铰支结构，限制其 y 轴发生位移；

(3) 设置模型左右边界为固定铰支结构，限制其 x 轴发生位移；

(4) 设置施加在模型最顶端边界的上部覆岩自重荷载为 12.55 MPa；

(5) 在十三灰含水层施加向上的压力 4.4 MPa；

(6) 在奥灰岩含水层施加向上的压力 4.7 MPa；

(7) 为模拟工作面内充填液压支架对顶板的支撑作用，在 11607 工作面煤壁后方 6 m 范围以内，根据计算充填液压支架的支护强度，设置支架对顶板的支撑力大小为 0.5 MPa。充填支架后方留出待充范围(1 个充填步距)，该区域不设置支撑力。

6.1.3　模拟参数确定

为了分析试验工作面煤层和顶底板围岩的力学性质，在试验工作面回采巷道掘进过程中对煤层和顶底板围岩进行了现场取样实验室测试。制作用于测试单轴抗压强度、单轴抗拉强度、抗剪强度所需试样各 3 个。试验设备如图 6-4、图 6-5 所示，结合岱庄煤矿地质资料及实验室力学参数测试结果，得出试验地点煤岩体物理力学参数，见表 6-2。

图 6-4　MTS815.03 型试验系统图

图 6-5　试件及传感器安装图

表 6-2　煤岩体物理力学参数

序号	岩性	平均厚度/m	剪切模量/GPa	体积模量/GPa	内摩擦角/(°)	抗拉强度/MPa	黏聚力/MPa	密度/(kg/m³)	渗透系数/(m/s)	孔隙率
1	奥灰	20.27	1.31	1.68	40	0.57	8.69	2 780	5×10^{-10}	0.31
2	泥岩	5.40	0.21	0.35	35	0.20	4.53	2 600	8×10^{-14}	0.08
3	砂岩	2.31	0.87	1.20	38	0.64	7.41	2 740	7×10^{-12}	0.14
4	杂色泥岩	14.79	0.21	0.37	35	0.16	4.48	2 600	8×10^{-14}	0.08
5	十三灰	7.28	1.31	1.68	40	0.57	8.69	2 780	5×10^{-10}	0.31
6	泥岩	1.16	0.21	0.35	35	0.20	4.53	2 600	8×10^{-14}	0.08
7	十二灰	1.53	1.31	1.68	40	0.57	8.69	2 780	5×10^{-10}	0.31
8	粉砂岩	2.69	0.87	1.20	38	0.64	7.41	2 740	7×10^{-12}	0.13
9	泥岩	1.52	0.21	0.35	35	0.20	4.53	2 600	8×10^{-14}	0.08
10	粉砂岩	1.15	0.87	1.20	38	0.64	7.41	2 740	7×10^{-12}	0.14
11	泥岩	4.60	0.21	0.35	35	0.20	4.53	2 600	8×10^{-14}	0.08
12	细粒砂岩	1.53	0.87	1.20	38	0.64	7.41	2 740	5×10^{-12}	0.13
13	粉砂岩	3.83	0.87	1.20	38	0.64	7.41	2 740	7×10^{-12}	0.14
14	泥岩	1.52	0.21	0.35	35	0.20	4.53	2 600	8×10^{-14}	0.08

表 6-2(续)

序号	岩性	平均厚度/m	剪切模量/GPa	体积模量/GPa	内摩擦角/(°)	抗拉强度/MPa	黏聚力/MPa	密度/(kg/m³)	渗透系数/(m/s)	孔隙率
15	煤层	0.77	0.04	0.09	37	0.12	2.34	1 600	1×10^{-12}	0.05
16	泥岩	0.39	0.21	0.35	35	0.20	4.53	2 600	8×10^{-14}	0.08
17	细粒砂岩	1.52	0.87	1.20	38	0.64	7.41	2 680	5×10^{-12}	0.13
18	泥岩	2.30	0.18	0.30	35	0.14	4.53	2 600	8×10^{-14}	0.08
19	16# 煤	2.00	0.03	0.07	37	0.09	2.34	1 600	1×10^{-12}	0.05
20	十灰	4.89	1.56	2.00	40	0.84	8.69	2 740	5×10^{-10}	0.32
21	泥岩	4.21	0.24	0.39	35	0.24	4.53	2 600	8×10^{-14}	0.08
22	粉砂岩	7.29	0.94	1.31	38	0.79	7.41	2 740	7×10^{-12}	0.14
23	泥岩	6.13	0.21	0.35	35	0.20	4.53	2 600	8×10^{-14}	0.08
24	细粒砂岩	3.06	0.87	1.20	38	0.64	7.41	2 740	5×10^{-12}	0.13
25	泥岩	3.07	0.21	0.35	35	0.20	4.53	2 600	8×10^{-14}	0.08
26	粉砂岩	3.83	0.87	1.20	38	0.64	7.41	2 740	7×10^{-12}	0.15
27	细粒砂岩	5.36	0.87	1.20	38	0.64	7.41	2 740	5×10^{-12}	0.13

为了分析充填前采空区充填体抗压强度是否符合设计要求，对岱庄煤矿膏体充填的原材料在井上进行了力学参数的测试。岱庄煤矿膏体充填的原材料和其他矿井膏体充填的原材料一致，主要有经过加工破碎的矸石、胶结料（水泥）、粉煤灰和矿井水。根据膏体充填工艺，需要制备矸石浆与灰浆两种浆料，两者的质量分数分别约为 70% 与 58%，初始坍落度分别为 260～275 mm 与 265～280 mm。在充填体下井前，必须充分了解充填体的抗压性能，结合现场膏体充填材料的配比，测试了在不同配比条件下膏体充填材料的强度特性，其结果如表 6-3 所列。

表 6-3　不同配比条件下膏体充填材料的强度参数测试

配比时间	质量分数/%	$m_{矸石}$/kg	$m_{粉煤灰}$/kg	$m_{水泥}$/kg	$m_{水}$/kg	温度/℃	压强/MPa						
							8 h	1 d	2 d	3 d	7 d	15 d	28 d
5月23日 15:01	76.01	814	400	180	440	20	0.18	0.29	0.86	1.43			4.20
						35	0.21	0.48	1.19	2.22			6.53

表 6-3(续)

配比时间	质量分数/%	$m_{研石}$/kg	$m_{粉煤灰}$/kg	$m_{水泥}$/kg	$m_{水}$/kg	温度/℃	压强/MPa						
							8 h	1 d	2 d	3 d	7 d	15 d	28 d
5月26日 8:00	76.01	814	400	180	440	20	0.17	0.27	0.84	1.30	2.52	3.06	3.82
						35	0.23	0.39	1.24	2.29	3.18	4.17	6.73
5月30日 13:00	76.48	842	400	150	428	20	0.15	0.20	0.75	1.19	2.24	2.76	3.49
						35	0.23	0.33	1.15	1.73	2.93	3.87	5.09
6月01日 13:00	76.69	868	400	120	422	20	0.14	0.21	0.66	1.06	1.72	2.40	3.12
						35	0.19	0.29	1.13	1.56	2.74	3.11	4.58
6月04日 16:00	76.87	886	400	100	417	20	0.10	0.18	0.69	1.15	1.63		3.38
						35	0.15	0.27	1.05	1.59	2.17	3.08	4.67

(1) 选取典型的 3.12 MPa、3.82 MPa、5.09 MPa、6.73 MPa 不同养护期的强度，因只有 8 h、1 d、2 d、3 d、7 d、15 d、28 d 强度，因此对其他养护期的强度通过线性差值的方法得出。

(2) 抗拉强度通常是抗压强度的 5%～10%，此处取 7%。

(3) 经试验确定，充填体不同强度、不同龄期的黏聚力与内摩擦角变化不大，内摩擦角一般为 35°，黏聚力一般为 0.4 MPa。

(4) 弹性模量与体积模量关系为：

$$K = E/[3(1-2\mu)] \tag{6-2}$$

式中 K——体积模量；

E——弹性模量；

μ——泊松比。

(5) 弹性模量与剪切模量关系为：

$$G = E/[2(1+\mu)] \tag{6-3}$$

式中 G——剪切模量。

据此计算不同龄期的充填体力学参数，见表 6-4。

6.1.4 模拟方案设计

6.1.4.1 沿煤层走向数值模拟方案

为了研究分析岱庄煤矿 11607 工作面采空区采用膏体充填技术开采后，受

表 6-4 不同龄期充填体力学参数表

龄期/d	力学参数													
	剪切模量/GPa				体积模量/GPa				黏聚力/MPa	内摩擦角/(°)	抗拉强度/MPa			
	7 MPa 级	5 MPa 级	4 MPa 级	3 MPa 级	7 MPa 级	5 MPa 级	4 MPa 级	3 MPa 级	3/4/5/7 MPa 级	3/4/5/7 MPa 级	7 MPa 级	5 MPa 级	4 MPa 级	3 MPa 级
1	0.018	0.017	0.015	0.014	0.038	0.036	0.034	0.031	0.342	35	0.026	0.022	0.018	0.014
2	0.033	0.032	0.026	0.023	0.072	0.069	0.056	0.049	0.344	35	0.083	0.076	0.056	0.044
3	0.053	0.042	0.034	0.030	0.114	0.092	0.075	0.065	0.346	35	0.153	0.115	0.087	0.071
4	0.057	0.048	0.040	0.033	0.123	0.104	0.087	0.072	0.348	35	0.168	0.135	0.107	0.082
5	0.061	0.053	0.046	0.036	0.132	0.116	0.099	0.078	0.350	35	0.182	0.155	0.127	0.093
6	0.065	0.059	0.051	0.039	0.141	0.128	0.111	0.085	0.352	35	0.197	0.175	0.148	0.104
7	0.069	0.065	0.057	0.042	0.150	0.140	0.124	0.092	0.354	35	0.212	0.195	0.168	0.115
8	0.071	0.067	0.058	0.044	0.155	0.145	0.126	0.095	0.356	35	0.220	0.203	0.173	0.121
9	0.074	0.069	0.060	0.045	0.160	0.149	0.129	0.099	0.358	35	0.229	0.211	0.177	0.126
10	0.076	0.071	0.061	0.047	0.165	0.154	0.132	0.102	0.360	35	0.237	0.219	0.181	0.132
11	0.078	0.073	0.062	0.049	0.170	0.159	0.134	0.105	0.362	35	0.245	0.227	0.186	0.138
12	0.081	0.075	0.063	0.050	0.175	0.163	0.137	0.109	0.364	35	0.253	0.235	0.190	0.143
13	0.083	0.078	0.064	0.052	0.180	0.168	0.140	0.112	0.366	35	0.262	0.242	0.195	0.149
14	0.085	0.080	0.066	0.053	0.185	0.173	0.142	0.116	0.368	35	0.270	0.250	0.199	0.155

表 6-4(续)

龄期/d	力学参数													
	剪切模量/GPa				体积模量/GPa				黏聚力/MPa	内摩擦角/(°)	抗拉强度/MPa			
	7 MPa 级	5 MPa 级	4 MPa 级	3 MPa 级	7 MPa 级	5 MPa 级	4 MPa 级	3 MPa 级	3/4/5/7 MPa 级	3/4/5/7 MPa 级	7 MPa 级	5 MPa 级	4 MPa 级	3 MPa 级
15	0.087	0.082	0.067	0.055	0.190	0.178	0.145	0.119	0.370	35	0.278	0.258	0.204	0.160
16	0.091	0.084	0.068	0.056	0.197	0.181	0.147	0.121	0.372	35	0.291	0.264	0.208	0.164
17	0.095	0.085	0.069	0.057	0.205	0.185	0.150	0.123	0.374	35	0.304	0.271	0.212	0.168
18	0.098	0.087	0.070	0.058	0.213	0.189	0.152	0.126	0.376	35	0.317	0.277	0.215	0.171
19	0.102	0.089	0.071	0.059	0.221	0.193	0.154	0.128	0.378	35	0.331	0.283	0.219	0.175
20	0.106	0.091	0.072	0.060	0.229	0.196	0.157	0.130	0.380	35	0.344	0.289	0.223	0.179
21	0.109	0.092	0.073	0.061	0.237	0.200	0.159	0.132	0.382	35	0.357	0.296	0.227	0.182
22	0.113	0.094	0.074	0.062	0.245	0.204	0.161	0.134	0.384	35	0.370	0.302	0.231	0.186
23	0.117	0.096	0.076	0.063	0.253	0.208	0.164	0.137	0.386	35	0.383	0.308	0.235	0.190
24	0.120	0.098	0.077	0.064	0.260	0.211	0.166	0.139	0.388	35	0.396	0.314	0.239	0.193
25	0.124	0.099	0.078	0.065	0.268	0.215	0.168	0.141	0.390	35	0.409	0.320	0.243	0.197
26	0.127	0.101	0.079	0.066	0.276	0.219	0.171	0.143	0.392	35	0.422	0.327	0.247	0.201
27	0.131	0.103	0.080	0.067	0.284	0.222	0.173	0.145	0.394	35	0.436	0.333	0.251	0.204
28	0.135	0.104	0.081	0.068	0.292	0.226	0.175	0.148	0.396	35	0.449	0.339	0.254	0.208

采动影响煤层顶板形成的“上三带”和“下三带”的情况，及其对煤层下部主要含水层的影响，本次模拟主要针对11607膏体充填工作面在不同充填工艺参数（充填体28 d强度、充填步距和充填率等）下对膏体充填工作面下伏煤岩层破坏深度的影响，以及工作面下伏煤岩体的围岩变形、应力场分布和塑性破坏等规律进行研究，其结果将作为优化11607工作面采空区膏体充填工艺参数的依据。11607膏体充填工作面工作制度为“三八”制，依次为采煤班、充填班、检修班顺序循环作业，数值模拟方案如下：

（1）设定充填率与充填步距依次为98%、2.4 m/d，模拟28 d充填体强度分别为3 MPa、4 MPa、5 MPa、7 MPa时，对11607充填工作面的围岩变形、围岩应力分布和塑性破坏的影响。

（2）设定充填率与充填强度依次为98%、5 MPa，模拟充填步距分别为1.2 m、2.4 m、3.6 m时，对11607充填工作面的围岩变形、围岩应力分布和塑性破坏的影响。

6.1.4.2　沿煤层倾向数值模拟方案

结合岱庄煤矿11607工作面实际情况，构建沿煤层倾斜方向数值模型（图6-2），该充填工作面倾向长度为120 m，倾角为12°，设计每日进尺为2.4 m，即充填步距为2.4 m，自模型前端向后端开采推进并紧跟其后进行充填作业，假定在11607工作面中部选择任意剖面都为平面应变模型。为研究16#缓倾斜煤层11607工作面充填开采时，在采动和承压水的共同作用下沿煤层倾向工作面底板破坏带深度、承压水导升裂隙高度及预测底板突水位置，结合现场条件设计数值模拟方案如下：模型采用分步开挖，在模型前端 y 轴 50 m处布置宽度为6 m的开切眼，并向模型后端开始开挖，充填步距为2.4 m，共计向模型后端推进100 m，在 y 轴 150 m处停止推进；模型上边界为自由边界，上边界表面加载覆岩均布荷载12.55 MPa，在十三灰含水层施加向上的压力4.4 MPa，在奥灰岩含水层施加向上的压力4.7 MPa。模型前后左右四个边界在水平方向设置位移约束，模型底边界面在垂直方向设置位移约束。模型中11607试验工作面顶底板岩层物理力学参数如表6-2所列。

6.2　沿煤层走向方向底板破坏特征分析

本节模拟主要针对11607膏体充填工作面在不同充填工艺参数（充填体28 d强度、充填步距和充填率等）下，对膏体充填工作面底板破坏深度的影响，以及工作面围岩移动变形和塑性破坏等规律进行研究，其结果将作为优化近距离高承压水上充填综采工艺参数的依据。

6.2.1 不同充填体强度数值模拟结果分析

模拟设定 11607 工作面充填率与充填步距依次为 98%、2.4 m/d，模拟 28 d 充填体强度分别为 3 MPa、4 MPa、5 MPa、7 MPa 时，对 11607 充填工作面的围岩变形、围岩应力分布和塑性破坏的影响及膏体充填工作面下伏煤岩层破坏深度的影响。工作面围岩应力、围岩变形和塑性破坏云图分别如图 6-6、图 6-7、图 6-8 所示（在 11607 工作面推进方向的中部截取剖面），超前支承压力、顶板最大下沉量与充填体强度的关系如图 6-9 所示。

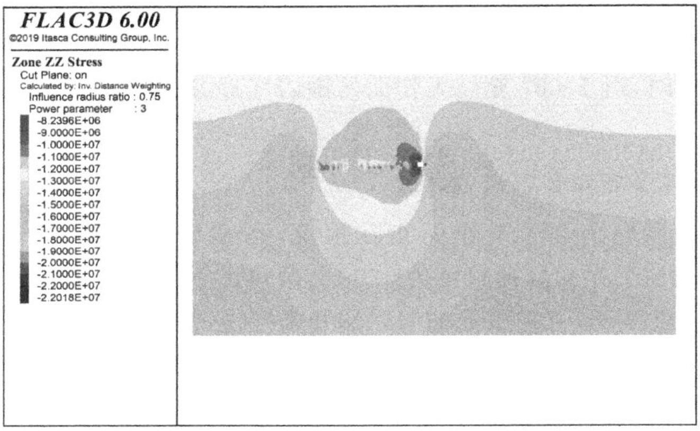

(a) 充填体强度为3 MPa

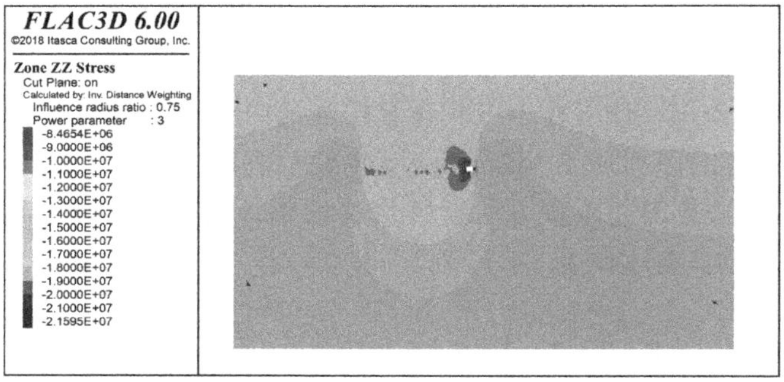

(b) 充填体强度为4 MPa

图 6-6　28 d 不同充填体强度围岩应力云图

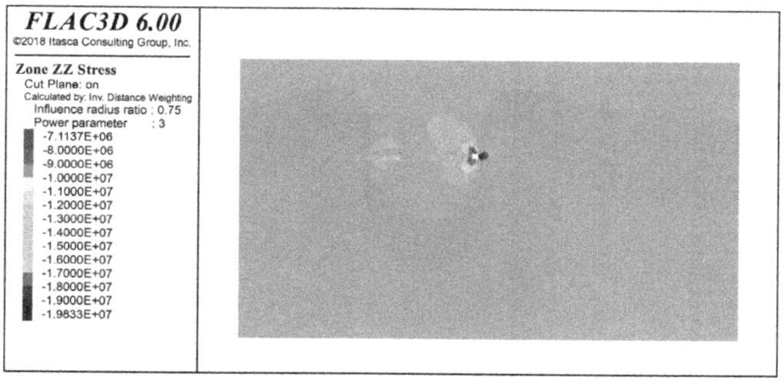

(c) 充填体强度为5 MPa

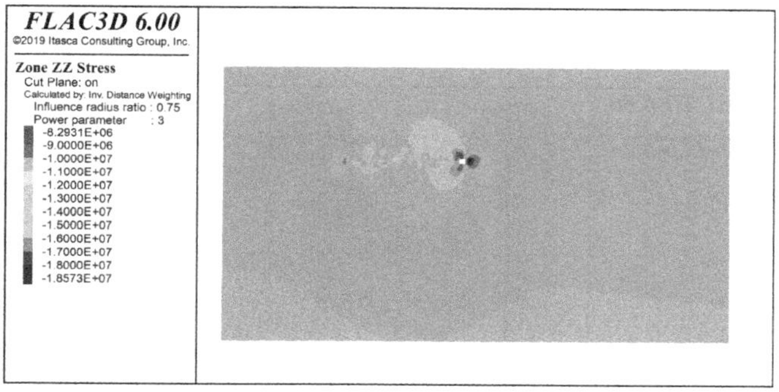

(d) 充填体强度为7 MPa

图 6-6(续)

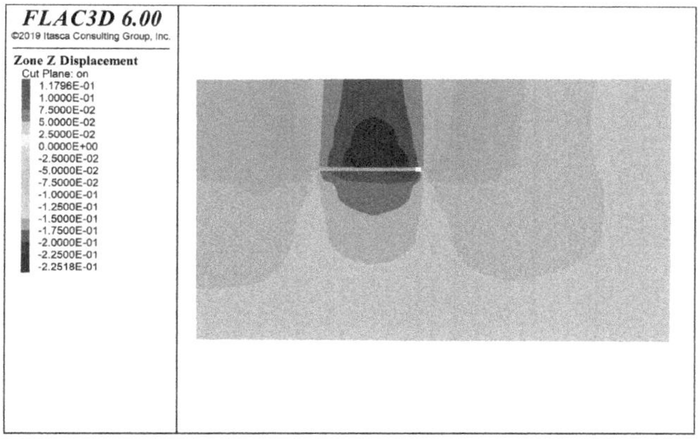

(a) 充填体强度为3 MPa

图 6-7　28 d不同充填体强度围岩变形云图

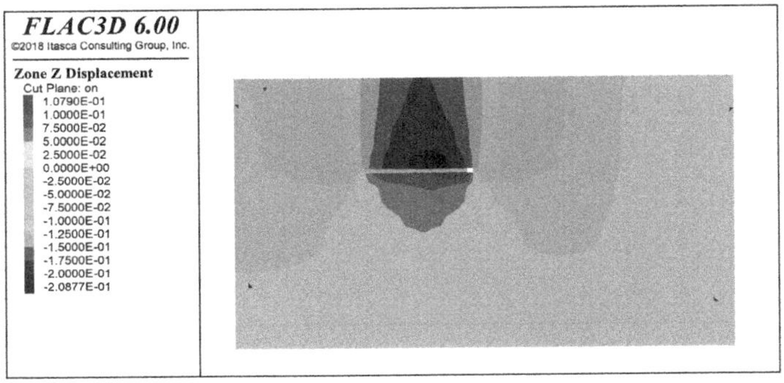

（b）充填体强度为4 MPa

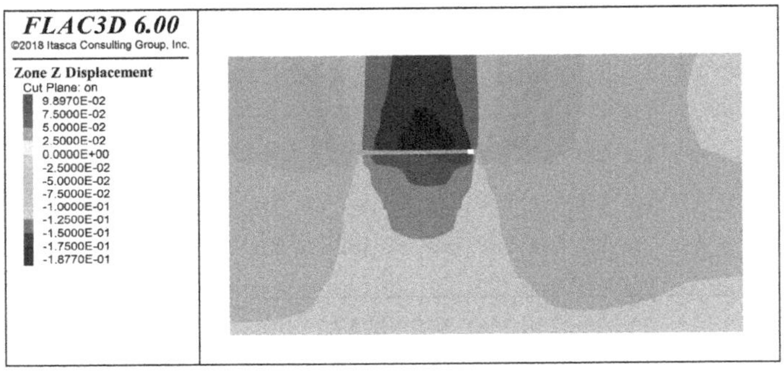

（c）充填体强度为5 MPa

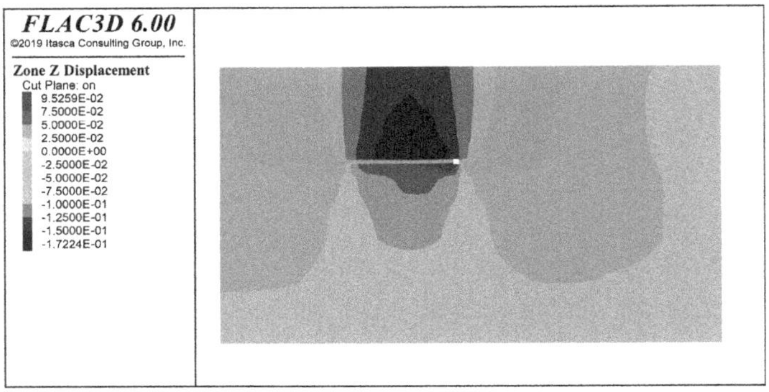

（d）充填体强度为7 MPa

图 6-7(续)

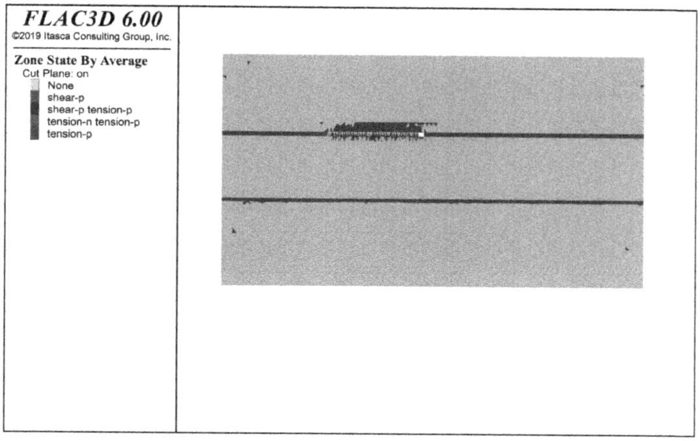

(a) 充填体强度为3 MPa

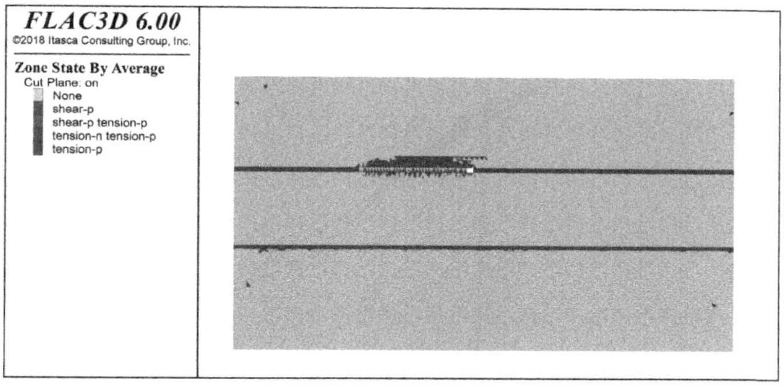

(b) 充填体强度为4 MPa

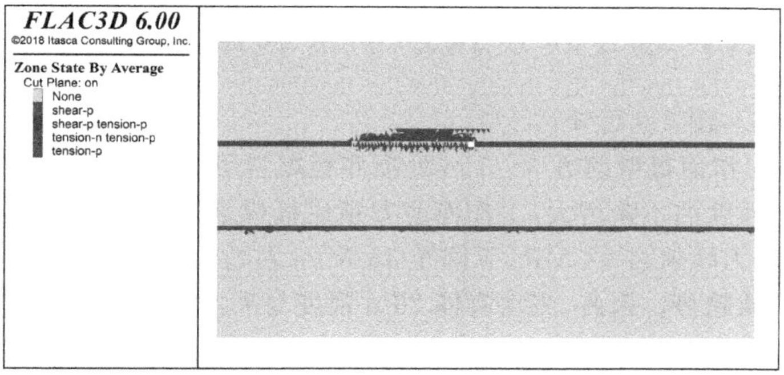

(c) 充填体强度为5 MPa

图 6-8 28 d 不同充填体强度围岩塑性区破坏云图

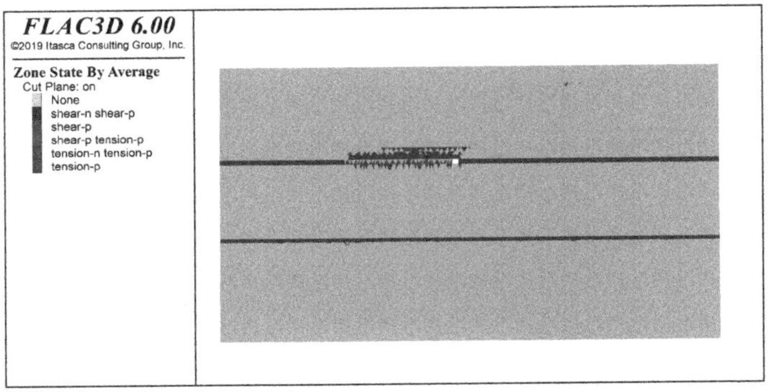

(d) 充填体强度为7 MPa

图 6-8(续)

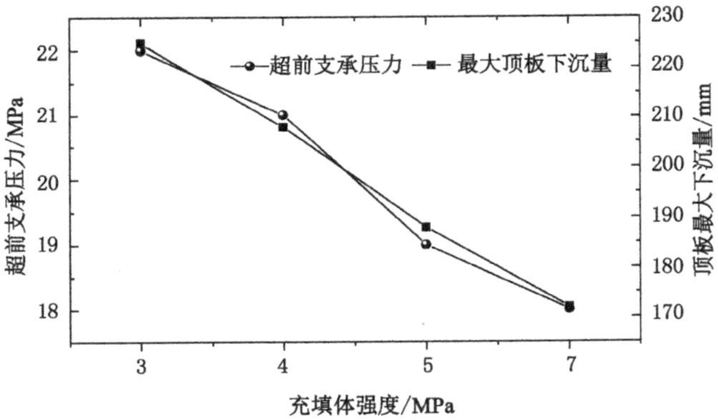

图 6-9 超前支承压力、顶板最大下沉量与充填体强度的关系曲线

由图 6-6～图 6-9 可知：

(1) 在工作面煤壁前方 3～5 m 处顶底板煤岩层产生垂直应力峰值区，并且随着充填体强度的不断增大，工作面前方顶底板煤岩层垂直应力峰值呈现下降趋势，垂直应力峰值自 22 MPa 下降至 18 MPa 左右，且围岩垂直应力集中的范围也呈现缩减趋势。因此，充填膏体 28 d 强度与采场顶底板煤岩层垂直应力峰值呈现负比例增长趋势。

(2) 11607 充填工作面上覆煤岩层下沉量随着充填体强度的增加而逐渐下降，充填体强度由 3 MPa 增加至 7 MPa，上覆岩层最大下沉量由 225 mm 下降至 172 mm；11607 充填工作面底板随着充填体强度的增加均未发生明显底鼓现象。

(3) 11607 膏体充填工作面底板塑性区主要以剪切滑移破坏为主，且工作面下伏煤岩层塑性区深度随着充填体强度的增加未发生明显增加，但塑性区范围有逐渐变小的趋势。

6.2.2 不同充填步距数值模拟结果分析

模拟设定 11607 工作面充填率与充填体强度分别为 98%、5 MPa，模拟充填步距分别为 1.2 m、2.4 m、3.6 m 时工作面围岩应力、围岩变形和围岩塑性区破坏云图分别如图 6-10、图 6-11、图 6-12 所示（在 11607 工作面推进方向的中部截取剖面），超前支承压力、顶板最大下沉量与充填步距的关系如图 6-13 所示。

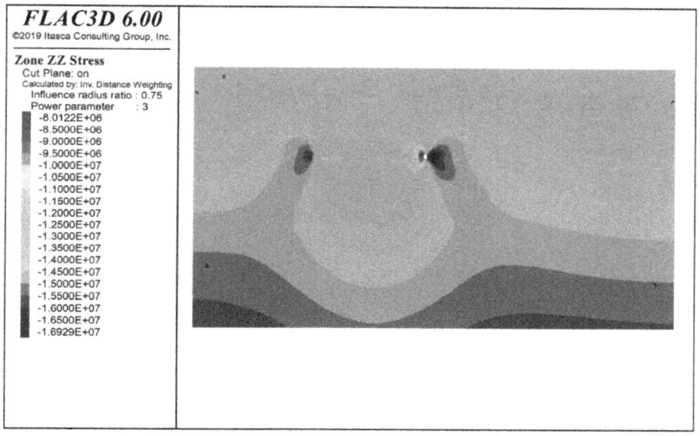

(a) 充填步距为1.2 m

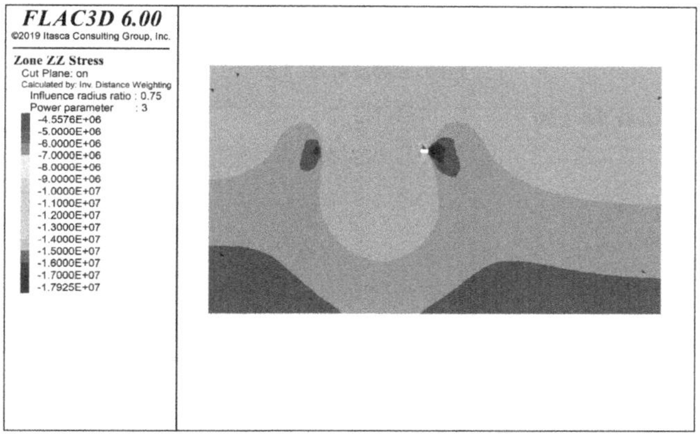

(b) 充填步距为2.4 m

图 6-10 不同充填步距时围岩应力云图

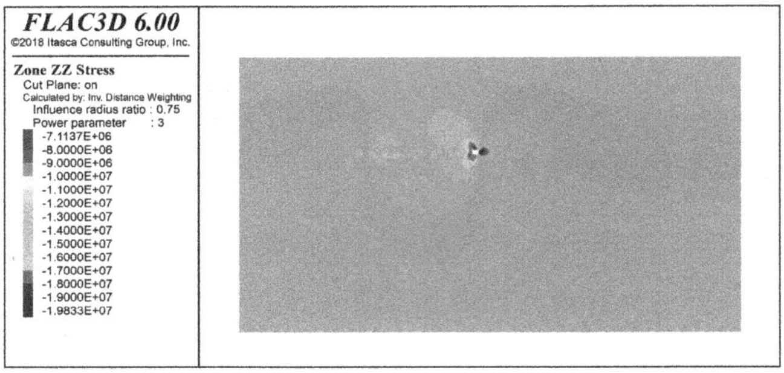

（c）充填步距为3.6 m

图 6-10（续）

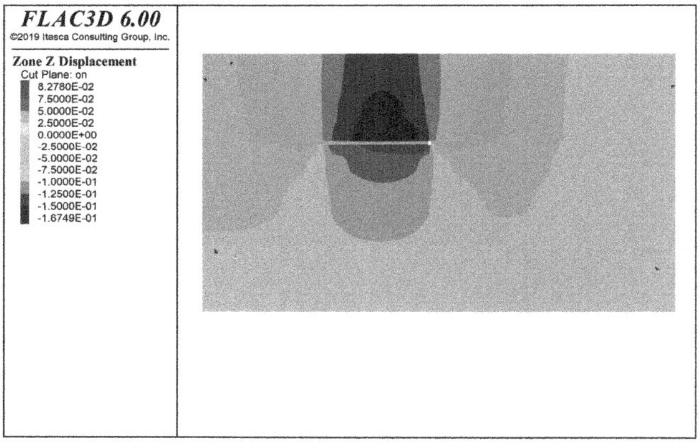

（a）充填步距为1.2 m

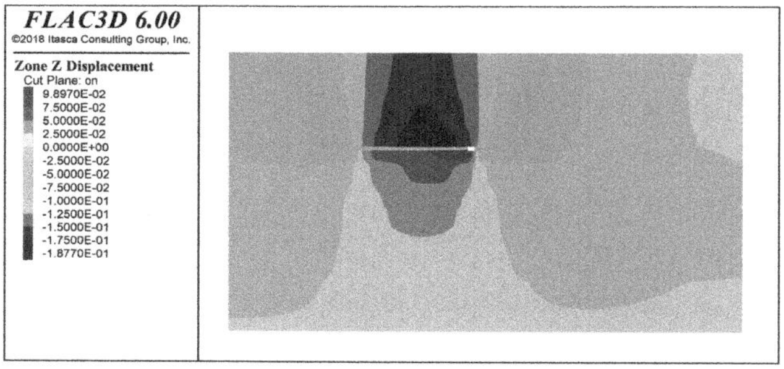

（b）充填步距为2.4 m

图 6-11　不同充填步距时围岩变形云图

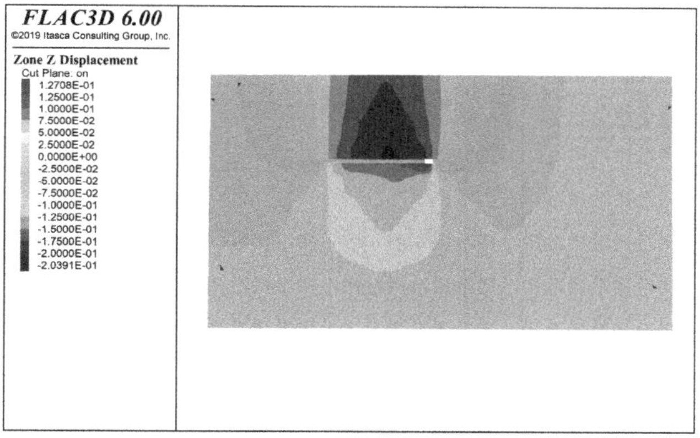

(c) 充填步距为3.6 m

图 6-11(续)

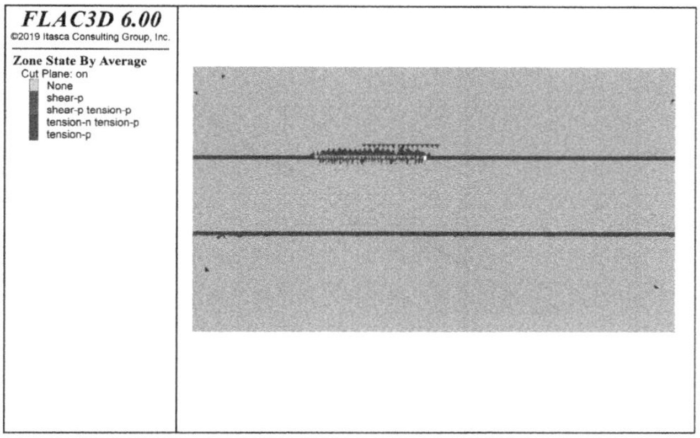

(a) 充填步距为1.2 m

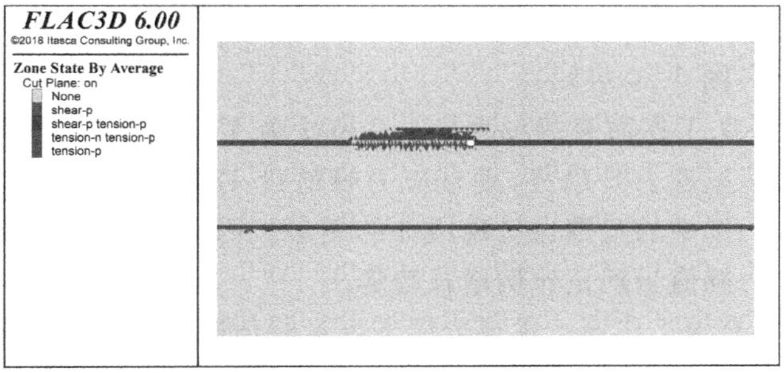

(b) 充填步距为2.4 m

图 6-12　不同充填步距时围岩塑性区破坏云图

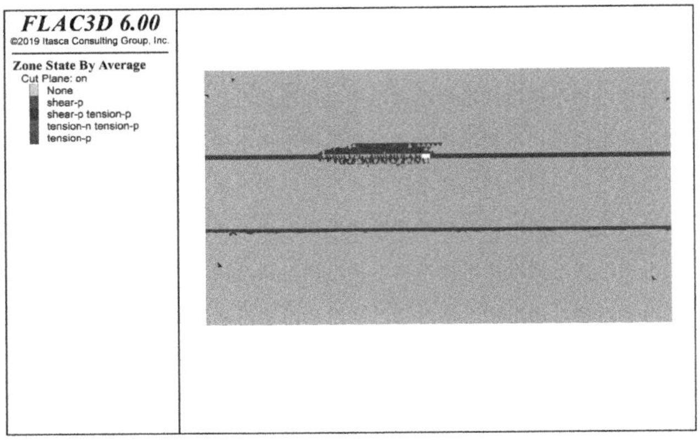

(c) 充填步距为3.6 m

图 6-12(续)

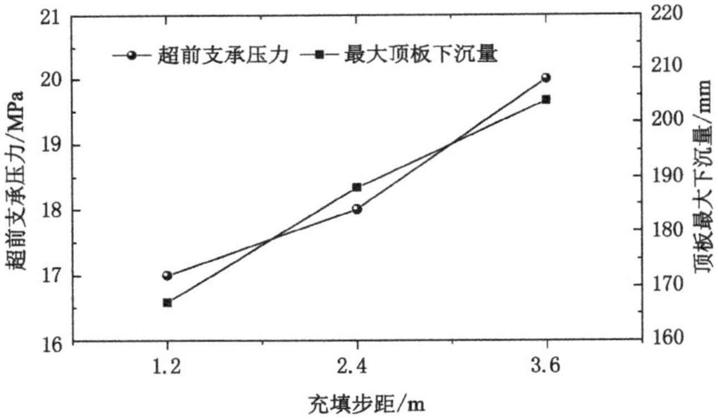

图 6-13　超前支承压力、顶板最大下沉量与充填步距的关系曲线

由图 6-10～图 6-13 可知：

(1) 当 11607 工作面充填步距自 1.2 m 上升至 3.6 m 时，采场顶底板煤岩层垂直应力峰值呈现上升趋势，垂直应力峰值自 17 MP 增加至 20 MPa 左右，且围岩垂直应力集中的范围也呈现增加的趋势。因此，充填步距与采场顶底板煤岩层垂直应力峰值呈现正比例增长趋势。

(2) 11607 充填工作面上覆煤岩层下沉量峰值随着充填步距的增加而呈现上升趋势，充填步距由 1.2 m 增加到 3.6 m 时，最大下沉量由 167 mm 增加到 204 mm；11607 充填工作面底板随着充填步距的增加而发生明显变形，底鼓量峰值自 83 mm 增大至 127 mm。

(3) 当 11607 工作面采用膏体充填开采后下伏煤岩层塑性区已贯通底板泥岩和细粒砂岩层时，塑性区呈现层状破坏至最终贯通的过程中主要以剪切破坏为主。塑性区深度随着充填步距的增加未发现明显改变，三种充填步距工作面下伏煤岩层已贯通的塑性区深度均为 3.6 m 左右，但其破坏范围有增大的趋势。

综上所述，随 11607 膏体充填工作面沿走向逐渐推进，膏体充填材料逐步充填采空区，减小了顶板活动空间，限制了顶板覆岩的移动变形。膏体充填开采可以将工作面的推进过程等效于开切眼不断向前推进，所以膏体充填工作面矿山压力与开掘巷道类似，而巷道开挖对围岩应力场的扰动程度比垮落法开采工作面小得多。因此，膏体充填工作面顶板围岩不会发生直接顶的初次垮落以及基本顶的周期性垮落。

6.2.3 充填工艺参数与底板破坏深度关系分析

通过对 6.2.1 小节不同充填体强度数值模拟结果和 6.2.2 小节不同充填步距模拟结果进行统计，统计结果如表 6-5 所列。

表 6-5 数值模拟结果统计表

模拟方案	模拟参数	应力峰值/MPa	塑性区贯通深度/m	塑性区扩展深度/m	底鼓量/mm	顶板下沉量/mm
28 d 充填体强度/MPa	3	22	3.6	6.3	117	225
	4	21	3.6	6.3	108	208
	5	19	3.6	6.3	99	188
	7	18	3.6	6.3	95	172
充填步距/m	1.2	17	3.6	6.3	83	167
	2.4	18	3.6	6.3	99	188
	3.6	20	3.6	6.3	127	204

根据表 6-5 分析可知：煤层底板岩层破坏的深度受到膏体充填体 28 d 强度的影响较小，当充填体 28 d 强度分别为 3 MPa、4 MPa、5 MPa 与 7 MPa 时，塑性区贯通深度均为 3.6 m；对于煤层底板岩层垂直应力峰值和顶底板位移量的影响也不明显，所以为了减小下伏煤岩层破坏，从经济和技术的角度分析，单纯地增大膏体充填体 28 d 强度是不合理的，因此初步设计充填体 28 d 强度为

3 MPa。为了减小下伏煤岩层破坏，可以考虑增大膏体充填体的早期强度，通过减小采空区膏体充填后顶底板早期变形，从而降低等效巷道尺寸。煤层底板岩层围岩应力集中峰值和围岩位移量受到充填步距的影响较为明显，随着充填步距由 1.2 m 增加到 3.6 m，底板岩层围岩应力集中峰值和围岩位移量均呈现增大的趋势，而对于塑性区贯通深度的影响不大，在保障安全生产的前提下，增加工作面日进尺有利于提高经济效益。因此，11607 膏体充填工作面充填体强度与充填率分别为 5 MPa、98%时，初步设计充填步距应为 3.6 m。

综合 6.2 节模拟结果，并结合第 3 章相关理论计算以及岱庄煤矿 11607 膏体充填工作面现场开采情况，11607 充填工作面充填率与充填步距分别为 98%、2.4 m 时，建议充填体的 28 d 强度设计为 3 MPa；工作面采空区膏体充填体的强度（28 d 强度）为 5 MPa、充填率为 98%的条件下，充填体耐水压强度为 1 d 时，建议设计工作面日进尺为 3.6 m，对应初步设计的充填步距为 3.6 m；当充填体耐水压强度为 2 d 时，设计工作面日进尺为 2.4 m，对应初步设计的充填步距为 2.4 m。

6.3 沿煤层倾向底板破坏特征分析

6.3.1 沿煤层倾向底板垂直应力分析

11607 试验工作面沿走向推进时，沿缓倾斜煤层倾向工作面底板垂直应力云图如下图 6-14 所示（沿工作面待充填部位截取）。由图 6-14 可知：

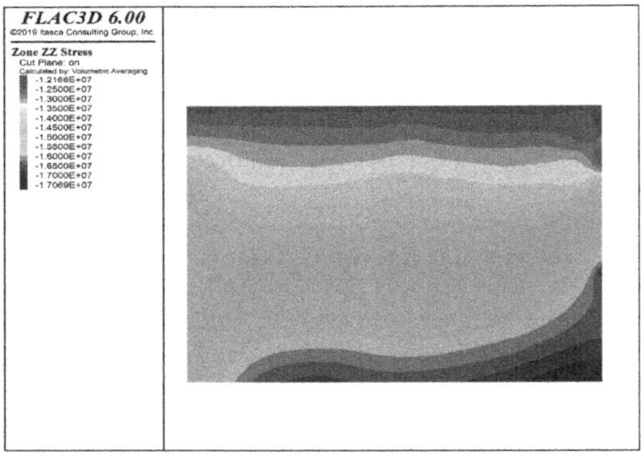

(a) 工作面推进0 m

图 6-14 沿缓倾斜煤层倾向工作面底板垂直应力云图

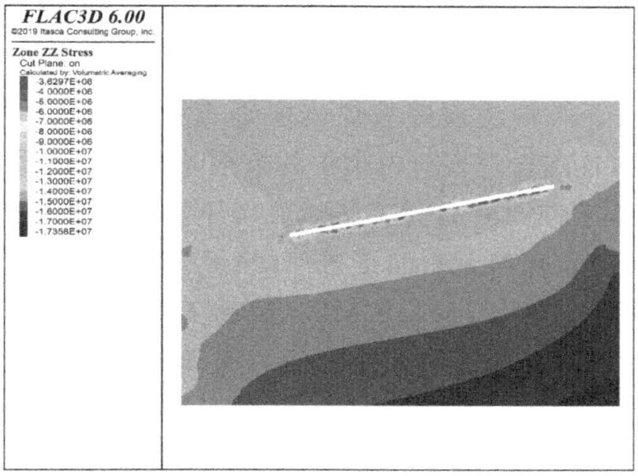

(b) 工作面推进10 m

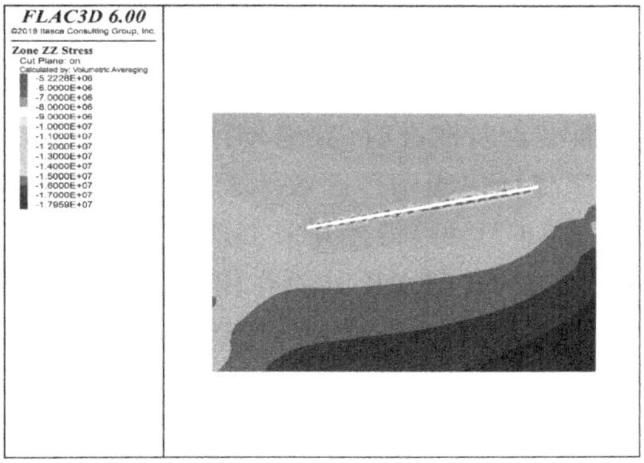

(c) 工作面推进50 m

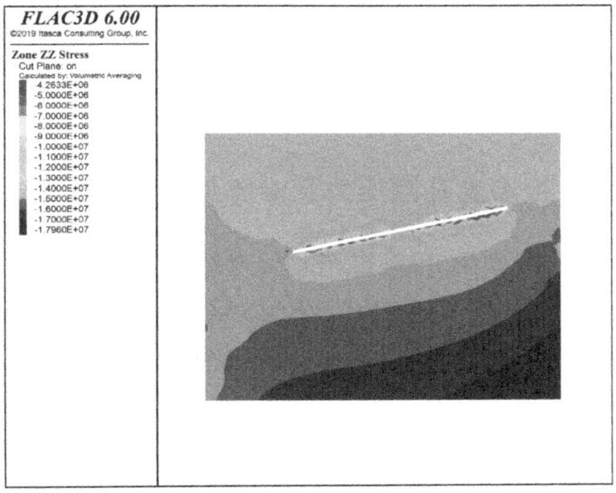

(d) 工作面推进100 m

图 6-14(续)

(1) 在 11607 试验工作面沿走向推进过程中，在工作面上下两端头外侧 3～5 m 处顶底板煤岩层产生垂直应力峰值区，由于 11607 试验工作面采用膏体充填采空区，工作面上下两端头顶底板煤岩层垂直应力峰值在推进过程中变化不大，为 17 MPa 左右，且围岩垂直应力集中的范围随着工作面推进也无明显变化。

(2) 11607 膏体工作面后方充填区域底板下方产生的卸压范围随着工作面沿走向推进而不断扩大。当工作面推进 50 m 后，距离工作面下方 24 m 的十三灰含水层附近的垂直应力为 15～16 MPa，距离工作面下方 53 m 的奥灰含水层附近的垂直应力为 16～17 MPa，工作面后方充填区域底板的应力降低区(卸压区)对底板含水层开始产生影响；工作面后方充填区域底板下方产生的卸压范围影响随着工作面沿走向推进而不断增加大，当工作面推进 100 m 时，工作面后方充填区域底板的卸压范围对含水层的影响逐渐趋于稳定。

6.3.2 沿煤层倾向底板塑性区分析

11607 试验工作面沿走向推进时，在采动压力和承压含水层水压共同作用下沿缓倾斜煤层倾向工作面底板塑性区破坏云图如图 6-15 所示(沿工作面充填待充填部位截取)。由图 6-15 可知：在开采 11607 充填试验工作面时，由于采动造成的压力与底板含水层的孔隙水压共同作用于底板岩层，使得 11607 膏体充填工作面底板产生了塑性破坏区；随着膏体充填工作面沿走向不断推进中，沿工作面倾向下方塑性破坏区范围不断扩大。当工作面推进 50 m 后，由于 11607 工作面采用膏体材料对其采空区进行了充填，沿工作面倾向下方塑性破坏区范围将趋于稳定，此时工作面底板的塑性破坏区深度达到最大，其值为 3～5 m。另外，11607 膏体充填工作面底板煤岩层塑性破坏区深度峰值出现在沿工作面倾向下端附近的煤岩层，此处塑性区与十三灰含水层相距较近。因此，沿 11607 膏体充填工作面倾向下端头为底板突水风险区域。

6.3.3 沿煤层倾向底板渗流孔隙压力及渗流矢量分析

11607 膏体充填工作面沿走向推进时，充填工作面底板将受到承压含水层水压与二次采动压力的共同作用，沿缓倾斜煤层倾向工作面底板渗流孔隙压力和渗流矢量云图如图 6-16 所示(沿工作面待充填部位截取)。由图 6-16 可得：

(1) 根据前文分析可知，在 11607 试验工作面开采之前，距离工作面较近的十三灰含水层顶板存在原始承压水导升带，其高度约为 3 m，原始承压水导升带达到其顶板上方的第三层岩层粉砂岩内。在工作面沿走向推进过程中，受工作面采动影响，底板含水层承压水导升带的高度不断增大，由于 11607 工作面采用膏体材料对其采空区进行了充填，当工作面推进 50 m 后，承压水导升带高度逐

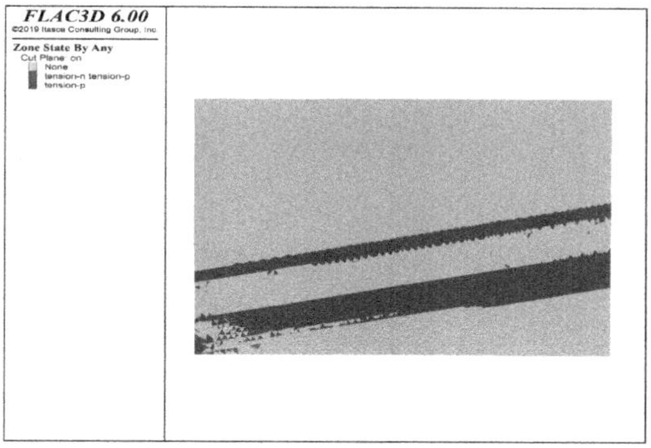

（a）工作面推进0 m

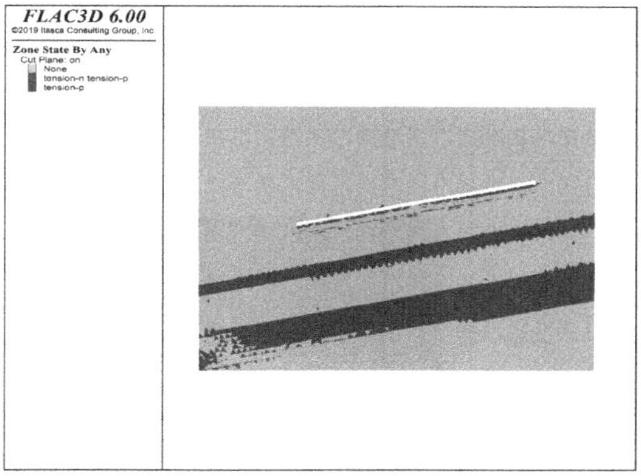

（b）工作面推进10 m

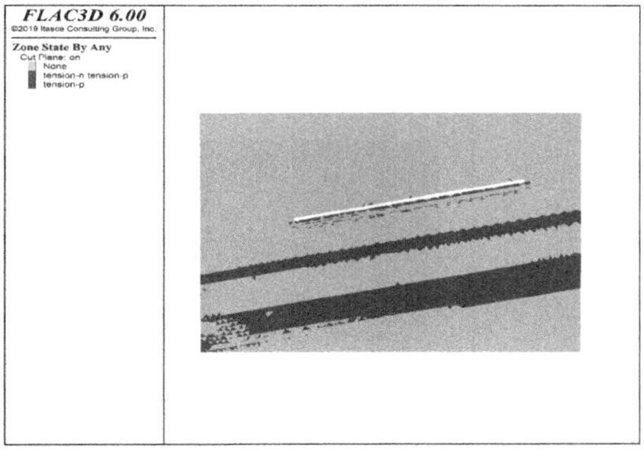

（c）工作面推进50 m

图 6-15　沿缓倾斜煤层倾向工作面底板塑性区破坏云图

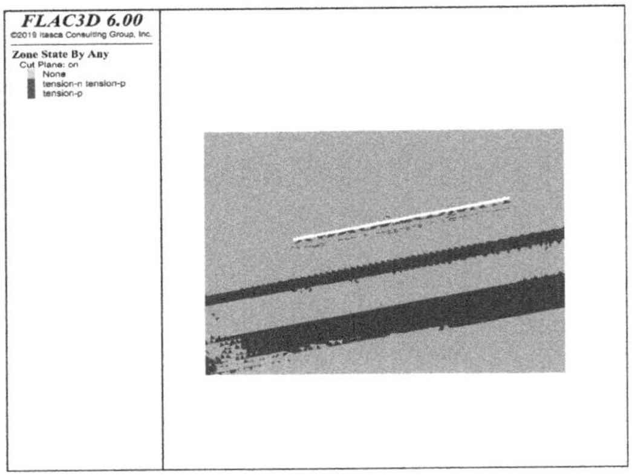

(d) 工作面推进100 m

图 6-15(续)

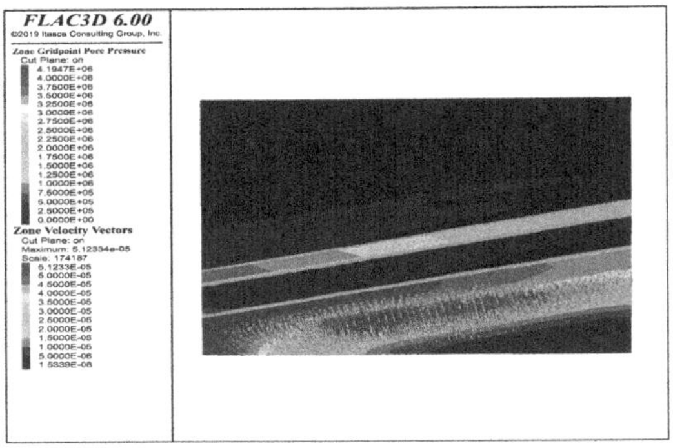

(a) 工作面推进0 m

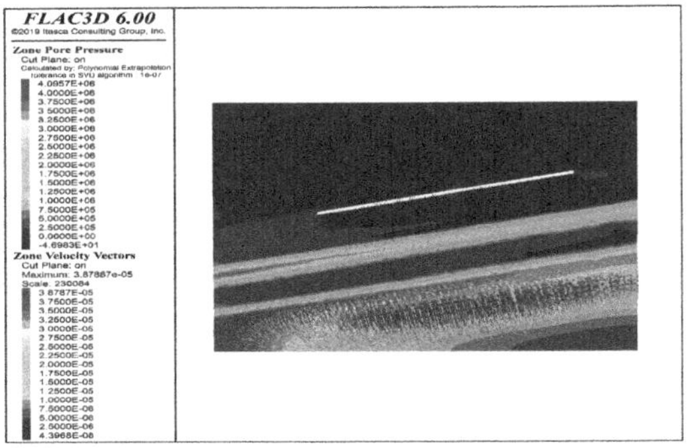

(b) 工作面推进10 m

图 6-16　沿缓倾斜煤层倾向工作面底板渗流孔隙压力和渗流矢量云图

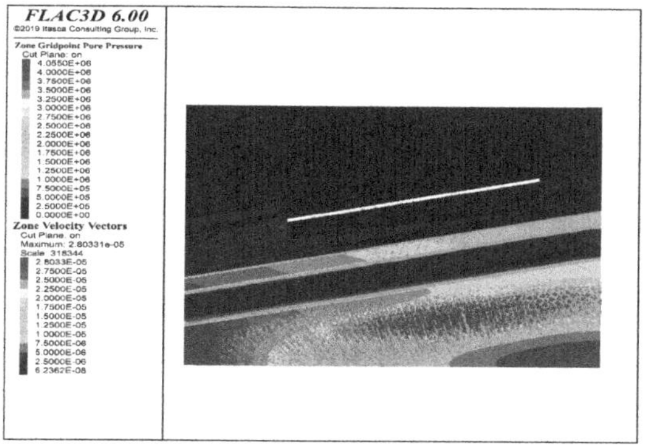

(c) 工作面推进50 m

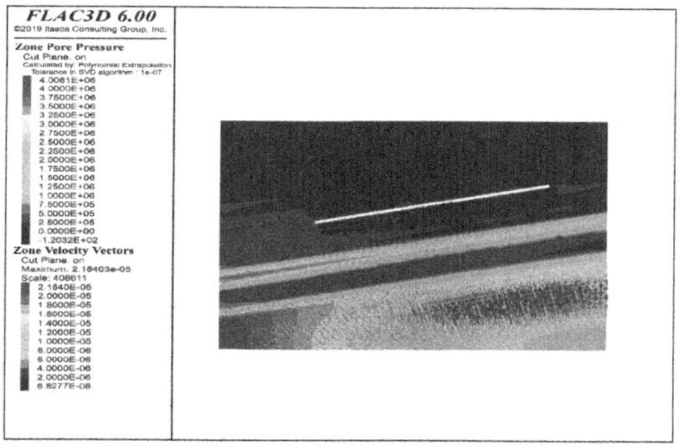

(d) 工作面推进100 m

图 6-16(续)

渐趋于稳定,此时承压水导升带高度达到最大,其值为 2～3 m,达到十三灰含水层顶板上方的第五层岩层泥岩至第六层岩层粉砂岩范围内。

(2) 随着工作面沿走向推进过程中,受工作面采动影响下,工作面后方采空区下方煤岩的卸压范围逐渐增大,从而使得采空区下伏煤岩层的孔隙水压和渗流速度发生改变。在 11607 试验工作面开采之前,十三灰含水层和奥灰含水层孔隙水压分别为 2.50～3.75 MPa、3.50～4.19 MPa,当工作面推进 50 m 后,采空区下方煤岩层孔隙水压及渗流速度开始趋于稳定,此时十三灰含水层和奥灰含水层孔隙水压为 2.25～3.50 MPa、2.75～4.00 MPa。

(3) 随着工作面沿走向不断推进,底板破裂带(直接底泥岩和细粒砂岩)和承压水导升带(十三灰含水层上方泥岩、十二灰、粉砂岩、泥岩和粉砂岩)高度将不断增大,由于 11607 工作面采用膏体材料对其采空区进行了充填,当 11607 试验工作面推进 50 m 时,底板破裂带和承压水导升带高度达到最大。此时,由于底板破裂带和承压水导升带间存在由泥岩、粉砂岩、细砂岩、泥岩组成的复合底板隔水关键层，对上部采动矿山压力和下部高承压含水层水压起到缓冲作用，能有效阻止其上部底板采动裂隙带和下部承压水导升带的进一步扩展，阻隔上下裂隙带的贯通，从而对 11607 试验工作面底板突水起到有效的控制作用。

6.3.4 沿煤层倾向底板易突水位置分析

为了对 16# 缓倾斜煤层 11607 试验工作面底板易突水位置进行分析，取消膏体充填，使得 11607 工作面底板破坏深度增加，底板破坏带与承压水导升带发生贯通，进而使得底板十三灰含水层承压水由贯通裂隙进入工作面，导致工作面底板发生突水。

采用垮落法对 11607 试验工作面的采空区进行模拟，得出沿缓倾斜煤层倾向工作面底板渗流孔隙压力和渗流矢量云图，如图 6-17 所示。由图 6-17 可知：

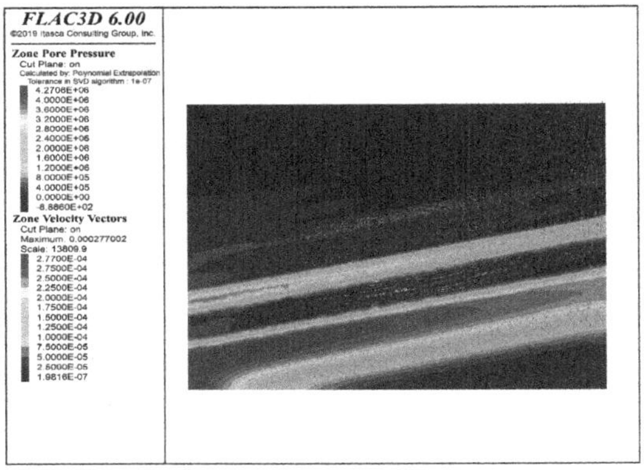

(a) 工作面推进0 m

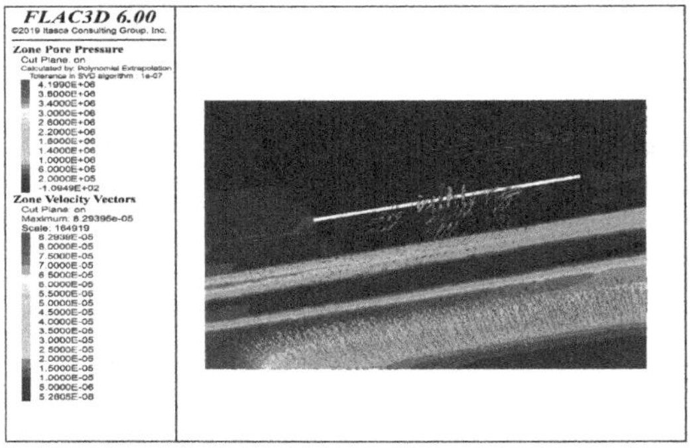

(b) 工作面推进10 m

图 6-17 沿缓倾斜煤层倾向工作面底板渗流孔隙压力和渗流矢量云图(垮落法)

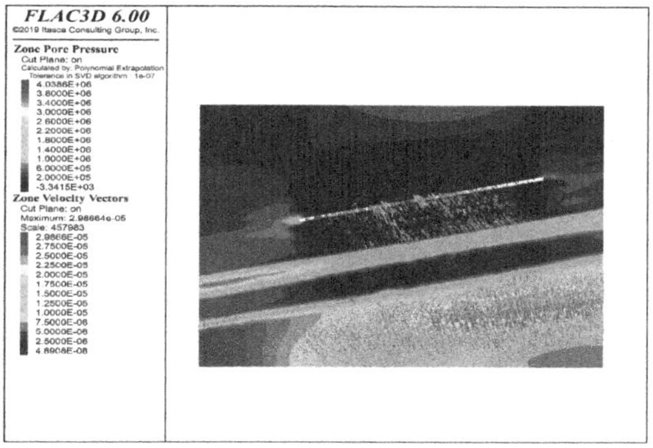

（c）工作面推进50 m

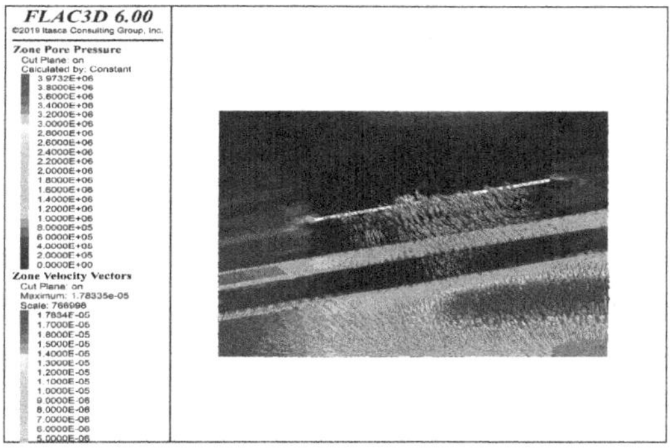

（d）工作面推进100 m

图 6-17(续)

(1) 根据前文分析可知，在 11607 试验工作面开采之前，距离工作面较近的十三灰含水层顶板存在原始承压水导升带，其高度约为 3 m，在工作面沿走向推进过程中，工作面采动影响使得其承压水导升带的高度也不断增大，当工作面推进 100 m 后，承压水导升带高度逐渐趋于稳定，此时承压水导升带的高度为 4～6 m，达到十三灰含水层顶板上方的第五层岩层（泥岩）至第六层岩层（粉砂岩）范围内。

(2) 随着工作面沿走向推进，受工作面采动影响，工作面后方采空区下方煤岩的卸压范围逐渐增大，从而使得采空区下伏煤岩层的孔隙水压和渗流速度发生改变。在 11607 试验工作面开采之前，十三灰含水层和奥灰含水层孔隙水压分别为 2.4～3.8 MPa、3.6～4.27 MPa，当工作面推进 100 m 后，采空区下方煤岩层孔隙水压及渗流速度开始趋于稳定，此时十三灰含水层和奥灰含水层孔隙水压分别为 2.2～3.6 MPa、2.40～3.97 MPa。

(3) 随着工作面沿走向推进，底板破裂带和承压水导升带高度不断增大。当 11607 试验工作面推进 100 m 时，在沿工作面倾向上下端头的底板破裂带和承压水导升带高度达到最大值，此时，底板破裂带和承压水导升带已经贯通，从而在工作面沿倾向上下端头底板的位置引发突水。因此，对于没有特殊构造地质条件影响下的缓倾斜煤层走向长壁开采工作面而言，最易发生工作面底板突水的位置在沿工作面倾向上下端头的底板附近。

6.4 本章小结

本章主要分析不同充填步距、工作面推进距离、膏体充填体 28 d 强度等条件下，11607 膏体充填工作面充填工艺参数对膏体充填工作面底板破坏深度以及工作面围岩移动变形与破坏等的影响规律。本章主要结论如下。

(1) 当 11607 工作面充填膏体 28 d 强度自 3 MPa 上升至 7 MPa 时，采场顶底板煤岩层垂直应力峰值与顶板下沉量均呈现下降趋势，垂直应力峰值自 22 MPa 下降至 18 MPa 左右，最大下沉量自 225 mm 下降至 172 mm，且围岩垂直应力集中的范围也呈现缩减趋势；11607 膏体充填工作面底板煤岩层塑性破坏区贯通，但破坏深度未发现明显变化，只是塑性区破坏范围略有减小。因此，充填膏体强度与采场顶底板煤岩层垂直应力峰值、顶板下沉量等呈现负比例增长关系。

(2) 当 11607 工作面充填步距自 1.2 m 上升至 3.6 m 时，采场顶底板煤岩层垂直应力峰值、顶板下沉量、底鼓量均呈现上升趋势，垂直应力峰值自 17 MPa 增加至 20 MPa 左右，顶板最大下沉量由 167 mm 增加到 204 mm，最大底鼓量自 83 mm 增加至 127 mm，且围岩垂直应力集中的范围也呈现增大的趋势。因此，充填步距与采场顶底板煤岩层垂直应力峰值、顶板下沉量、底鼓量呈现正比例增长关系。

(3) 11607 膏体充填工作面下伏煤岩层已贯通的塑性区深度随着充填步距、充填体强度的增加而未发现明显变化，下伏煤岩层塑性区贯通至底部泥岩与细粒砂岩层位，塑性区深度均为 3.6 m 左右。

(4) 在 11607 试验工作面沿走向推进过程中，工作面上下两端头外侧 3～5 m 处顶底板煤岩层产生垂直应力峰值区，工作面上下两端头顶底板煤岩层垂直应力峰值大小与范围在推进过程中变化不大，垂直应力峰值在 16～17 MPa 之间变化，工作面底板塑性破坏区最大深度为 3～5 m。

(5) 在 11607 试验工作面开采之前，十三灰含水层和奥灰含水层孔隙水压分别为 2.50～3.75 MPa、3.50～4.19 MPa，当工作面推进 50 m 后，采空区下方煤岩层孔隙水压及渗流速度开始趋于稳定，此时十三灰含水层和奥灰含水层孔隙水压为 2.25～3.50 MPa、2.75～4.00 MPa。由于 11607 工作面采用膏体材料对其采空区进行了充填，当 11607 试验工作面推进 50 m 时，底板破裂带和承压水导升带高度达到最大。此时，在底板破裂带和承压水导升带间存在由泥岩、粉砂岩、细砂岩、泥岩组成的较好的“软-硬-软”复合底板隔水关键层，对上部采动矿山压力和下部高承压含水层水压起到缓冲作用，能有效阻止其上部底板采动裂隙带和下部承压水导升带的进一步扩展，阻隔上下裂隙带的贯通，从而对 11607 试验工作面底板突水起到有效的控制作用。

7 现场工程试验

7.1 膏体充填材料选择与配比方案分析

7.1.1 膏体充填材料选择

膏体充填材料的选择和材料性能，直接影响着近距离高承压水上采煤底板的破坏深度。所选充填材料形成的支护阻力需适应上覆岩层的应力和变形，也需具有较快的增阻速度，且具有一定的变形量以适应采场围岩的变形，并且在充填成本上也不能太高。采空区充填浆料自地面泵送，沿铺设的充填管路输送至工作面后方采空区待充区，待充区是由模板构筑的空间，膏体浆料主要用矸石和胶结料再加水均匀搅拌混合而成。充填浆料用矸石和胶结料再加水均匀搅拌混合，按一定配比制成，为对采空区顶板及时形成支护，以减小上覆岩层变形，所制成的充填体的早期强度要足够高。选取矿山矸石为膏体材料的骨料，矿山废弃矸石占固体材料总质量的比例超过 85%，大大降低了充填材料的成本，也保护了矿山环境。膏体充填体属于塑性材料，受载后主要发生塑性变形，塑性材料在受载达到破坏峰值荷载后，不会像脆性材料那样发生当即破坏而丧失承载性能，而是继续承受荷载并继续发生适应变形。因此，膏体充填材料的塑性特征更有利于适应工作面开采过程中围岩的剧烈变形和维护采场顶底板的稳定。据此，设计岱庄煤矿 11607 工作面采空区充填材料如下。

(1) 粉煤灰

为了减小充填材料成本，胶结料可用部分粉煤灰来替代。粉煤灰是燃煤烟气中的细粉末，在充填材料中充当胶结剂，可以增强膏体的后期强度，和提高充填浆料的输送性能。为减少运输成本，可选择就近的火电厂购买燃煤废渣粉煤灰，粉煤灰的质量等级要达到Ⅱ级质量标准。

(2) 煤矸石

为了减小充填材料成本，充填骨料应就地取材，可选择矿山废弃矸石，不仅价格低廉，而且也有利于保护矿山环境。太小或太大的矸石骨料粒径对于膏体浆料的输送性能都是不利的，所以级配必须适宜，须对大粒径的骨料比例进行严格控制。为了保障充填体的强度需求，骨料的生产标准须严格把控，对骨料中的煤矸石含泥量进行严格控制。

（3）胶结料

相对于普通的水泥胶结料，SL 胶结料具有更好的固结能力、亲泥性，而且其生产成本也相对较低。SL 胶结料的主要原料为矿渣，辅料为复合剂，如早强剂、固化剂等。加入 SL 胶结料的充填材料，其早期强度较高，能及时对采空区顶板起到支撑作用。

（4）拌和水

水在充填料浆中的含量将对其输送性产生直接影响，此处采用井下的生产用水对充填材料进行拌和。

7.1.2 膏体充填材料配比分析

7.1.2.1 膏体充填体的强度特性

膏体充填体的强度直接影响着近距离高承压水上采煤底板的破坏深度。如果充填体的强度太大、变形量过低，不能适应上覆岩和煤帮的协调变形，那么会使采场局部发生较大变形。如果充填体的强度太小，不能及时切断基本顶，那么采场将承受较大的上覆岩层重力荷载，甚至可能导致充填体被压垮而支撑采空区覆岩失败；同时，充填体强度太小也将导致采空区顶底板发生较大变形，从而使导致底板破坏深度和地面下沉量增加。大量试验研究表明，在充填体养护龄期不变时，充填材料中各成分的占比都与充填体的强度有关，但其中胶结料掺量是最关键的因素。据此，本书主要通过改变膏体充填料中胶结料掺量来研究充填体的强度特性。实验室采用 STYE-3000C 型试验机对膏体充填体的强度进行测试。

对膏体试件的单轴抗压强度进行测试前，首先将不同胶结料掺量按预先设计的配比方案混合均匀搅拌制成膏体料浆，然后准备好模具，注入膏体料浆，待膏体试件成型后，将其放入养护室，湿度大于 50%，温度在 14～18 ℃范围，试件分别养护 8 h、1 d、7 d、28 d。运用 STYE-3000C 型岩石压力试验机对膏体试件进行单轴抗压强度测试，其结果见表 7-1。

表 7-1 不同胶结料掺量膏体试验测试结果表

方案	粉煤灰用量 /(kg/m³)	胶结料用量 /(kg/m³)	28 d 强度 /MPa	7 d 强度 /MPa	1 d 强度 /MPa	8 h 强度 /MPa
1	380	100	3.38	2.13	1.09	0.31

表 7-1(续)

方案	粉煤灰用量/(kg/m³)	胶结料用量/(kg/m³)	28 d强度/MPa	7 d强度/MPa	1 d强度/MPa	8 h强度/MPa
2	400	80	2.55	1.44	0.68	0.15
3	420	60	1.53	1.21	0.36	0.12
4	440	40	1.12	0.89	0.22	0.09

由表 7-1 可知：当用量不变时，膏体充填体的强度与胶结料用量成正比。方案 4 中胶结料用量为 40 kg/m³，膏体充填体的 28 d 强度为 1.12 MPa，未达到强度需求；方案 3 中胶结料用量为 60 kg/m³，膏体充填体的 28 d 强度为 1.53 MPa，达到强度需求；方案 1 中胶结料用量为 100 kg/m³，膏体充填体的 28 d 强度为 3.38 MPa，远超过工作面的强度需求。综合考虑工作面充填体强度需求和充填材料的成本，同时考虑充填体需具备适当的可压缩量，最终确定胶结料掺量为 80 kg/m³，即选择材料配比方案 2 为最佳方案。

7.1.2.2 膏体充填体的变形特性

膏体充填体的应力-应变关系曲线如图 7-1 所示，由图可知，膏体充填体的应力-应变关系划分为四个阶段：① 弹性变形（*AB* 段），该阶段试件大致呈现直线增长变形趋势，即应力-应变呈正比例线性增长关系，该阶段充填体对采空区顶板下沉起到很好的限制作用；② 塑性变形（*BC* 段），该阶段试件随着荷载的增加而逐渐发生塑性变形，仍然表现为正比例增加关系，但其上升的速率减缓，此时，膏体的承载能力开始出现缓慢的降低，随着充填体内部产生裂隙和部分破坏后，充填体仍具有整体承载性，此阶段主要表现为膏体充填体适应顶板覆岩的协调变形；③ 破坏（*CD* 段），随着膏体充填体承受荷载的继续增加，膏体充填体的抗压强度将下降，内部裂隙和破坏继续扩展，最终膏体充填体失去承载能力，但此时膏体充填体仍具有部分残余强度；④ 残余强度（*D* 点以后），此阶段膏体充填体不再继续发生变形，其最终强度为残余强度，基本不会再发生变化。

膏体充填体在该配比条件下的峰值抗压强度约为 2.55 MPa，随着膏体充填体承受荷载继续增加，膏体充填体的应变继续增加，但其强度开始出现逐渐减小的趋势。膏体充填体属于塑性材料，塑性变形特性较为明显，当膏体充填体的应变达到 1.5%时，其抗压强度约为 0.97 MPa，是其峰值强度的 38%左右。采空区膏体充填体受载达到峰值抗压强度之后，其强度下降趋势比较缓慢，提高膏体充填体的残余强度，可保障采空区膏体充填体支撑顶板的需要。

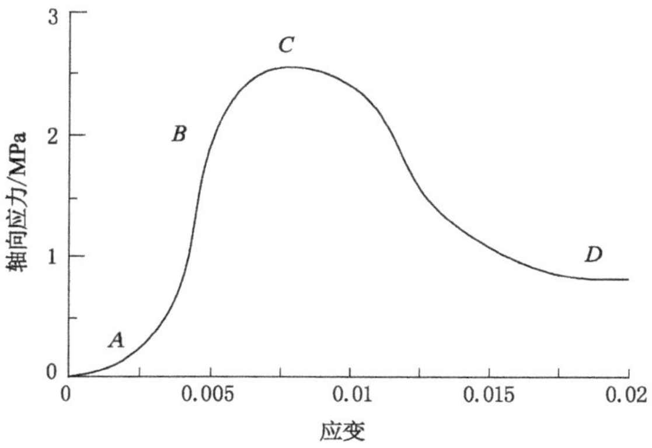

图 7-1 膏体充填体应力-应变关系曲线

7.1.3 膏体充填材料的输送性能分析

为了提高采空区充填的效率，需要增大充填泵的充盈系数，使得膏体充填体具有良好的可泵性，并保证充填料浆在管输系统中不沉淀、不堵塞、不离析、不泌水。大量实践表明，膏体充填体的坍落度为 180～200 mm 时具有良好的输送性能。现场试验表明，膏体充填体的在粉煤灰、外加剂、水泥掺量和粒级配比不变的条件下，决定膏体充填材料输送性能的指标在于料浆质量分数。为了研究分析充填材料的合理配比，以岱庄煤矿 11607 工作面膏体充填采空区对充填材料坍落度需求为依据，在保障膏体充填体强度需求的基础上，通过试验室试验研究，针对不同质量分数料浆，设计四种试验方案，试验测试结果如图 7-2 所示。

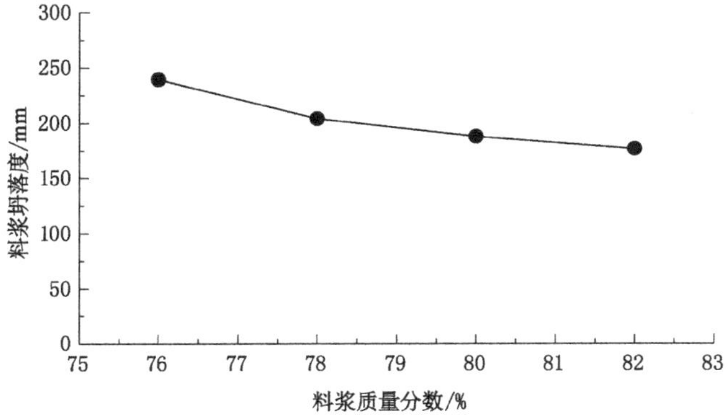

图 7-2 不同质量分数料浆对应的坍落度

由图 7-2 可以看出，料浆的坍落度随其质量分数的增加而减小，料浆的质量分数为 78%～80%时，对应的坍落度为 180～200 mm，满足充填材料输送性能的基本要求。在确定充填材料的龄期和集料的情况下，固定胶结料的相应配比量，充填体强度在一定范围内与质量分数呈正比例关系，结合 11607 工作面采空区充填对膏体充填体强度的需求，此处选取料浆的质量分数为 78%。

综上分析，实验室制备的相应配比的不同龄期试件的抗压强度达到工作面采空区充填体的强度要求，据此最终确定 11607 工作面充填采空区的膏体充填材料的配比参数为：煤矸石用量、粉煤灰用量、胶结料用量、质量分数分别为 1 600 kg/m^3、400 kg/m^3、60 kg/m^3、78%。

7.2 膏体充填工艺系统设计及能力校核

综合考虑充填采煤成本以及岱庄煤矿现场施工条件等因素，11607 膏体充填工作面充填原材料选用煤矸石和粉煤灰。首先将矿山矸石进行加工，破碎到充填要求颗粒大小，再将其与粉煤灰、专用胶结料和水在地面充填站按照配比搅拌混合，利用充填泵通过充填管路输送到工作面后方采空区。采空区中充填体、煤体、充填支架形成的协同承载体系，共同控制围岩移动变形。经过方案优化后，确定岱庄煤矿矸石膏体充填工艺流程如图 7-3 所示。

7.2.1 膏体充填工艺系统设计

7.2.1.1 矸石预处理子系统

岱庄煤矿膏体充填矸石预处理子系统主要负责原状矸石的破碎、筛分、除杂、运输和储存，即负责膏体充填所用合格矸石骨料的生产。其工艺过程为典型的“两破一筛”，即原状矸石需经过一级粗破、二级细破和成品筛分工艺环节。一级粗破与二级细破分别使用常规颚式破碎机与新型高细破碎机，成品筛分采用成熟高效筛分机，成品矸采用封闭钢板筒仓储存，各工艺环节之间采用带式输送机进行运输转载。

(1) 能力指标

① 系统能力指标

根据 11607 膏体充填工作面产能要求，设计成品矸产能为 150 t/h，工作制度为两班生产一班检修，生产班安排在白班。

② 成品矸粒度指标

膏体充填所用成品矸粒度指标的确定综合考虑以下几个方面的因素：一是

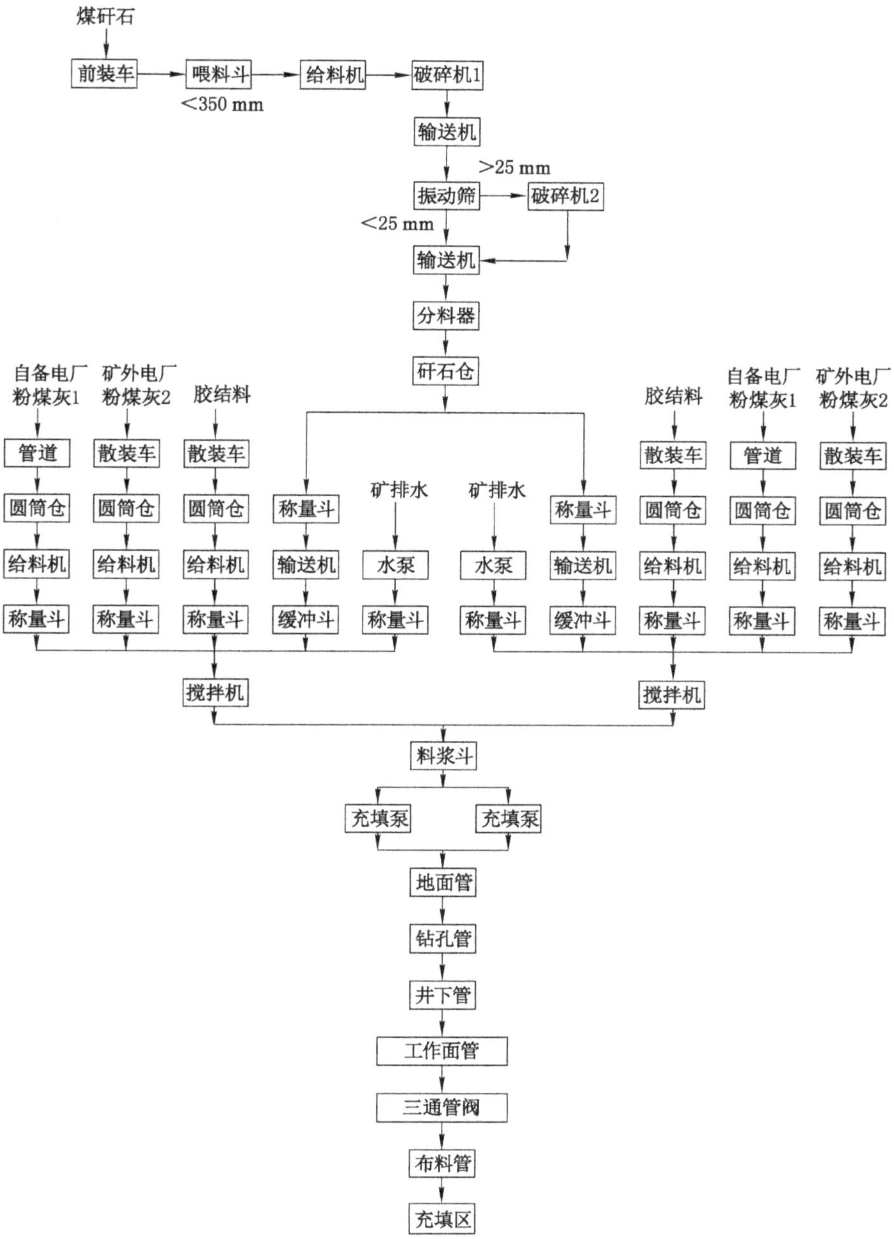

图 7-3 岱庄煤矿矸石膏体充填工艺流程图

粒度适中，成品矸石粒度过大，难以配制性能良好的膏体，粒度过小，则加工能耗较大，增加材料成本；二是设备易选，选用常规成熟设备，能够满足成品矸加工粒度的需要，避免选用试验设备；三是系统可控，由于原状矸石岩性及粒度变化随机性大，所确定的成品矸粒度能够通过设备调控装置来实现；四是效率高，原状矸石水分大，泥质成分多，成品矸粒度需满足高效透筛的需要。

根据材料配比试验和矸石预处理系统调试，最终确定岱庄煤矿矸石预处理子系统成品矸最大粒径为 25 mm。

(2) 关键设备

矸石预处理子系统关键设备包括颚式破碎机、高细破碎机、强力筛分机。

(3) 辅助保障

针对原状矸石杂物多的特点，矸石预处理子系统主要考虑了以下保障措施：

① 设置除铁装置。原状矸石中混有大量的铁钉、铁丝、螺栓等铁器，容易损坏粗破和细破设备。在矸石预处理子系统中设置多级强力除铁器，以保障设备正常运行。

② 设置杂物分拣装置。原状矸石中也混有大量的塑料及纤维状杂物，一方面容易在细破设备内造成缠绕堵塞，影响破碎筛分效率；另一方面，杂物堆积在成品矸内，容易进入配料系统，形成堵管隐患。矸石预处理子系统中设置了杂物手捡皮带和除杂筛。

(4) 环保措施

矸石预处理子系统中破碎筛分设备是容易形成粉尘污染的环节，必须考虑相应的环保措施。

① 矸石预处理子系统采用了封闭厂房生产方式，即将预处理系统所用设备布置在封闭厂房内，隔绝了粉尘与室外的通道，防止矸石粉尘对大气造成污染。

② 矸石预处理子系统内设置了收尘系统。对于破碎机、筛分机、转载点等产尘点均布置了室内收尘器，有效地保障了操作员的室内工作环境，收集的粉尘回流进入运输系统，实现无废排放。

③ 成品矸采用了封闭钢板筒仓存储，防止成品矸污染大气。

7.2.1.2 膏体配比搅拌子系统

(1) 能力指标

设计的膏体配比搅拌系统能力为 150 m^3/h，实际最大能力达到 170 m^3/h。

为了提高膏体可靠性，配套两套配比搅拌子系统。单套膏体配比搅拌子系统设计能力为 75 m^3/h，实际能力可达到 85 m^3/h，两套系统同时工作，满足

150 m^3/h 能力的需要。

(2) 原料储存

矸石膏体主要原料为成品矸、粉煤灰、胶结料、水。其中成品矸、粉煤灰、胶结料均采用了封闭钢板筒仓进行储存，满足环保要求。

① 成品矸：设置 4 个容量为 300 m^3/仓的钢板筒仓。

② 粉煤灰：设置 4 个容量为 200 m^3/仓的钢板筒仓。

③ 胶结料：设置 2 个容量为 200 m^3/仓的钢板筒仓。

④ 水：设置 1 个容量为 10 m^3/仓的钢板水仓。

(3) 给料输送

成品矸采用带式给料机进行无级调速给料，给料机进料口与成品矸仓无缝封闭连接；粉煤灰、胶结料采用进口管式螺旋机给料，螺旋机进料口与钢板仓出料口封闭连接；采用水泵及管路进行给水输送。

(4) 称量投料

为保障膏体充填各配比材料的称量准确性，每种配比材料都采用专用的称量斗，并且称量斗均配套灵敏度较高的传感器。采用批次称量的方法对膏体充填材料进行称量投料。

称量斗设置自动卸料装置，通过控制系统实现向搅拌机投料。

(5) 搅拌混合

矸石膏体的混合搅拌采用了批次搅拌工艺。搅拌混合设备是膏体配比搅拌子系统的关键设备，也是膏体料浆搅拌效果的硬件保障。膏体充填工艺系统选用了 2 台进口强制式搅拌机，每台搅拌机对应一套膏体配比搅拌子系统。

(6) 粉尘处理

称量斗粉尘处理：物料由给料设备进入称量斗的过程中，容易产生粉尘，在称量斗上配置收尘袋，收集到的粉尘自动落回称量斗，实现物料粉尘自动回收。

搅拌机粉尘处理：称量好的物料在向搅拌机投料过程中，搅拌机内产生大量粉尘，在搅拌机出气口设置收尘袋，收集的粉尘自动落回搅拌机，实现搅拌机粉尘本批次就地利用。

7.2.1.3 泵送管道子系统

泵送管道子系统主要包括泵送设备、管路闸阀设备两部分。

(1) 能力指标

岱庄煤矿矸石膏体充填系统设计泵送能力为 150 m^3/h；系统共配置 2 台膏体充填泵，一用一备，以保障系统的高可靠性。

(2) 泵送设备

考虑到煤矿膏体充填与矿井生产密切相关，因此要求系统关键设备必须具备高可靠性。

(3) 管路闸阀设备

充填管路闸阀保证了膏体充填系统的安全高效运行。充填管路主要可分为地面管路、钻孔管路、井下干线管路、充填工作面管路。

7.2.1.4 自动控制子系统

自动控制子系统是膏体充填的中枢神经系统，也是膏体充填系统连续稳定工作的根本保障。课题组研究开发了 GTK-Ⅱ型膏体充填自动化控制系统，该系统控制范围包括以下几个方面。

(1) 矸石预处理系统自动控制

实现了计算机控制条件下设备按顺序启动、停止，界面自动显示设备运行状态和物流方向。破碎系统中任何一台设备出现故障，计算机控制系统都会自动甄别，按设定顺序自动停机，并把剩余物料处理完毕，防止下次设备带载启动，同时可以实现一键自动按顺序启动和停机。

(2) 原料称量、投料、料浆搅拌、卸料、泵送自动控制

膏体配比搅拌子系统实现了双系统自动按设定任务进行膏体配比，配比过程中可随时暂停和继续，系统设计泵送能力可稳定达到 150 m^3/h，每班充填情况可自动归档、打印，满足井下膏体充填的需要；可自动检测显示物料料位、批次、质量、搅拌时间、泵送能力、泵送压力、物料配方、搅拌进度，满足设计要求。

(3) 关键部位视频监控

分别在充填站厂区、矸石仓卸料口、破碎车间、充填车间、充填管理等关键部位安装不同数量的视频监控装置，并在充填控制室内进行视频监视，实现充填过程中监控无死角。

7.2.2 提高工作面充填率的途径与措施

由前面的理论分析和模拟分析知，工作面后方采空区充填率的提高，使得膏体充填体接顶更充分，进而使工作面顶底板围岩的活动空间减小，大大减小了采空区上覆岩层和底板岩层的变形与移动，从而有利于弱化采空区底板形成的“下三带”。因此，想要控制矿区地表下沉变形以及工作面下伏煤岩层的破坏深度，提高采空区的充填率是关键。

工作面采用膏体充填后方采空区之后，影响采空区顶板下沉最终值的因素包括现场地质构造条件、煤岩层力学性质、充填材料的力学性能、充填工艺以及充填相关设备性能等。形成采空区顶板下沉最终值的关键参量包括采空区充

填之前的覆岩下沉量、充填之后的充填体未接顶量、充填体凝固承载后的压缩变形量。因此，工作面充填率为：

$$\lambda = \frac{h-(h_d+h_q+h_y)}{h} \tag{7-1}$$

式中 h——工作面采高；

h_d——采空区充填之前的覆岩下沉量；

h_q——采空区充填之后的充填体未接顶量；

h_y——充填体凝固承载后的压缩变形量；

根据式(7-1)可知，要提高工作面充填率 λ，就必须对采空区充填之前的覆岩下沉量 h_d、充填之后的充填体未接顶量 h_q、充填体凝固承载后的压缩变形量 h_y 3 个关键参量进行控制。

7.2.2.1 控制采空区充填之前覆岩下沉量措施

(1) 增加工作面端头支架、充填工作面液压支架以及巷道超前支护单体支柱的初撑力，以保障采场支护体系具有足够的初始刚度。

(2) 工作面经过地质构造复杂地段，如破碎顶板、断层时，需及时用双层塑料网铺设护顶，要求网之间搭接符合规定；为防止工作面顶板被液压支架反复支撑，对顶板造成人为的完整性破坏，现场应严格执行带压移架，且移架后支架升牢升紧要及时；采煤机司机割煤的时候要仔细观察采煤机滚筒割顶情况，严禁割到支架上方的护顶网；端面冒高超过规定范围时，要采取相应措施。

(3) 现场对采煤机的割煤速度要控制好，滚筒一次到位完成割顶，割煤之后要及时支出支架伸缩梁进行护顶，工作面充填液压支架顶梁充分接顶，初撑力必须满足设计规定。

(4) 对工作面地质构造要充分了解，在对工作面进行设计时，工作面走向倾角设计为小于 10°的俯角，为降低破顶导致的额外顶板下沉，割煤须沿煤层顶板进行。

7.2.2.2 控制充填体凝固承载后压缩变形量措施

(1) 为避免充填袋漏浆，隔离模板要与顶底板严密接合。上下两巷切顶排位置设置完隔离模板后，需沿待充填区设置戗点柱。

(2) 为避免高压风水向充填袋内渗漏，在地面充填站打风水之前，将各布料管连接处的铁帽与液压闸板阀扣严，并设置双层密封垫。

(3) 为避免充填过程中管路接口密封不严，在工作面充填管路、布料管、阀门连接处采用双层密封垫。

(4) 所配比的料浆质量分数需大于 80%。

(5) 在吊袋充填之前,对架缝超宽位置使用板梁进行支护。为避免上覆岩矸石破坏充填袋造成跑浆,将板梁两端分别固定在支架顶梁和空帮充填体上。

7.2.2.3 控制充填之后的充填体未接顶量措施

(1) 充填支架参数优化。在规定支护强度范围内,支架应尽量减小后支撑梁的厚度;为增加支架接顶的密实度,支架伸出伸缩梁后,应与支架顶梁持平,且伸缩梁为外伸缩方式;为提高充填体接顶程度,支架布料口位置应贴近支架顶部。

(2) 地质构造特殊区域。工作面经过地质构造复杂地段,如破碎冒落顶板、断层等时,现场不能设置小尺寸的充填袋,在吊大尺寸充填袋之前,需充填密实未接顶区域,可就地取材(如水泥旧道枕、水泥盖板等坚硬材料)。

(3) 二次充填。在墙体空帮侧上方布置小尺寸的充填袋,连接墙体外侧的大尺寸充填袋,从而提高充填率。

(4) 在工作面煤层倾角改变时,为使充填袋内料浆流入空帮二次充填袋内,并增加充填过程中料浆的饱和度,在安全生产前提下,采取措施进行调向,控制工作面俯角小于 10°。

(5) 为避免充填体最顶部接顶不充分,在工作面回风隅角吊袋,布料口需紧贴巷道非采煤帮一侧,并紧贴采空区顶板。

7.2.3 膏体充填工艺系统能力校核

7.2.3.1 1160 采区干路管道管径与壁厚校核

(1) 充填管路线路设计

结合岱庄煤矿 11607 工作面现场开采条件,设计工作面铺设的充填管路线路如下:地面膏体充填站→膏体充填钻孔→-410 m 水平北翼胶带大巷联络巷→-410 m 水平北翼皮带大巷联络巷→2160 轨道大巷→1160 采区皮带运输上山→11607 轨道运输巷→11607 膏体充填工作面。11607 膏体充填工作面铺设的充填管路线路的水平长度、高差及折算倾斜长度见表 7-2。

表 7-2 充填管路线路的水平长度、高差及折算倾斜长度统计表

名称	标高点号	水平距离/m	高差/m	折算倾斜长度/m
井下充填工作面	H11	120.0	0	120.0
11607 轨道运输巷	H10	1 135.5	46	1 136.4
1160 采区皮带运输上山	H9	1 771.5	-45	1 772.1

表 7-2(续)

名称	标高点号	水平距离/m	高差/m	折算倾斜长度/m
2160 轨道大巷	H7	891.2	6	891.2
	H8	1 354.5	−56	1 355.7
−410 m 水平北翼皮带大巷联络巷	H4	335.0	0	335.0
	H5	39.1	0	39.1
	H6	38.6	0	38.6
−410 m 水平北翼皮带大巷联络巷	H1	13.2	0	13.2
	H2	30.5	0	30.5
	H3	456.7	−4	456.7
地面	D1	7.4	0	7.4
合计		6 193.2		6 195.9

(2) 泵送能力及管路校核

设计充填管径要考虑的主要因素包括充填泵压力、充填管路长度和充填能力等。充填管径必须要达到充填能力和设计长度对充填管路的要求，并且充填泵选择时应充分考虑管路沿线阻力，所以其充填压力必须达到要求。充填泵主要技术参数如表 7-3 所列。

表 7-3　充填泵主要技术参数

型号	KoS 25100 HP
电机功率/kW	2×400
最大输送量/(m^3/h)	150
最高泵送压力/MPa	14
工作压力/MPa	12
活塞冲程/mm	2 500
泵送缸直径/mm	360
冲程容积/L	254.3
泵出口管径/mm	250
最大冲程数/(次/min)	10.9
最短冲程时间/s	5.5
长×宽×高/mm	7 500×1 700×1 500
质量(不包括动力系统)/kg	8 000

考虑到降低充填成本和环保等因素，岱庄煤矿 11607 工作面采空区膏体充填材料的骨料选择矿山矸石，考虑到破碎后的矸石颗粒仍然较大，可根据泵送混凝土材料的计算公式来计算此处膏体充填材料的管路阻力：

$$p=\frac{2}{r}\left[K_1+K_2\left(1+\frac{t_2}{t_1}\right)v_2\right]\alpha_2 L \tag{7-2}$$

式中 p——管路阻力；

K_1——输送粘黏系数；

r——充填的半径；

K_2——充填材料输送速度系数；

v_2——充填材料输送速度；

t_2/t_1——充填泵时间系数；

L——管路当量长度；

α_2——充填泵的压力系数。

由表 7-2 可知，11607 工作面膏体充填管线路的折算倾斜长度为 6 195.9 m，考虑到充填管线路在转角处的弯折系数，折合长度约为 6 300 m。根据式(7-2)计算可知，在充填管内径分别为 0.21 m、0.22 m、0.23 m、0.24 m 时，输送管道的压力与管路长度之间的相互关系如图 7-4 所示。由图 7-4 可知，在内径分别为 0.21 m、0.22 m、0.23 m、0.24 m 时，输送管道的压力都随着管路长度的增加大致呈现线性增长的趋势，结合 11607 工作面现场实际，当管路长度约为 6 300 m 时，要确保充填管道的压力小于 12 MPa，内径必须大于或等于 0.23 m(矿上已有充填泵工作压力为 12 MPa，充填系统设计泵送能力为 100 m^3/h，充填料浆坍落度为 26 m，1160 采区干路管道高差为 150 m)。

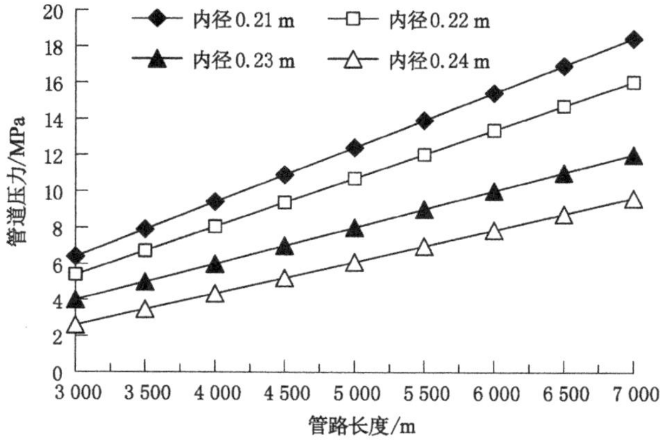

图 7-4 输送管道压力与长度之间的相互关系

充填管壁厚与管径、材质和管路设计压力有关。充填管路耐压设计要满足最大流量充填和充填堵管事故时管路压力需要，计算结果如图 7-5 所示。

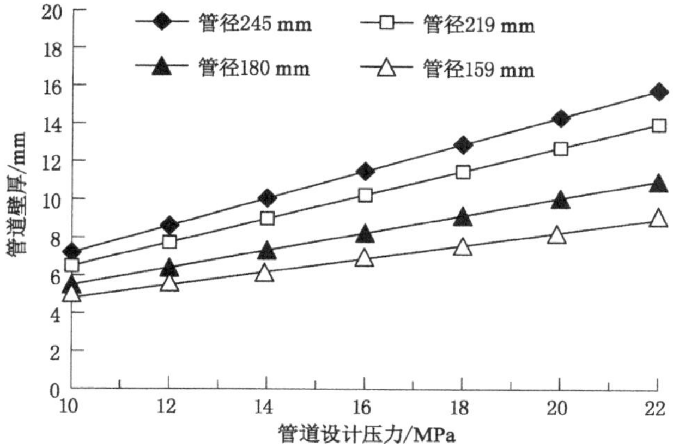

图 7-5 管路壁厚计算图(无缝钢管管材)

由管径计算可知，最大流量充填时当充填管路总阻力约为 12 MPa 时，此时有效内径为 240 mm 的管路需要壁厚大于 10 mm。综合考虑管壁厚度误差和必要的预留磨损量，结合无缝钢管系列，1160 干线充填管应该选取管径为 273 mm、壁厚为 12 mm 的耐磨无缝钢管。此时，通过计算可知 1160 采区干线压力达到 9 MPa 时就能达到流量要求。

7.2.3.2 主干充填管路输送能力及原充填系统能力校核

(1) 原充填系统能力校核

岱庄煤矿上下组煤三个膏体充填工作面的原煤年产量为 80 万 t，其中下组煤一个充填工作面的原煤年产量为 30 万 t，上组煤两个充填工作面的原煤年产量为 50 万 t。充填站充填能力为 140 m^3/h，破碎系统能力为 100 t/h。

根据目前 11607 工作面膏体充填材料的配比设计，当三个膏体充填工作面的年产量为 80 万 t 时，井下采空区需要充填的膏体材料体积为：

$$V=80\div1.35\approx59(\text{万 } m^3)$$

按照一年生产天数为 345 d 进行计算，则井下采空区每天需要充填的膏体材料体积为：

$$V=59\times10^4\div345=1\ 710(m^3)$$

根据上面计算结果可知，井下采空区每天需要充填的膏体材料体积为 1 710 m^3，其中包括粉煤灰浆 200 m^3，则膏体材料中矸石浆的体积为 1 510 m^3，根据配比可知矸石浆中矸石消耗量为 800～1 000 kg/m^3，所以井下采空区充填每天矸石需求量为1 200～1 500 t，而岱庄煤矿破碎系统破碎能力为100 t/h，按一天开机12 h计算，则每天可破碎矸石1 200 t，所以岱庄煤矿的破碎系统能力基本能满足该矿井3个工作面膏体充填采空区的需求。

(2) 充填输送能力校核

结合前面计算可知，井下采空区每天需要充填的膏体材料体积为1 710 m^3，目前该矿现场充填系统的输送能力为140 m^3/h，则为了保障井下采空区充填需求，充填系统每天需要作业的时间为：

$$t=1\ 710\div 140=12.2(h)$$

通过计算可知，为了保障井下采空区充填需求，充填系统每天需要作业的时间为12.2 h，考虑到现场切换闸阀和打水打风耽搁的时间，预计充填系统每天需要作业的时间约为15.2 h。因此，目前该矿现场充填系统的输送能力完全能够保障井下采空区充填的需求。

(3) 立管抗压能力校核

现充填站至井底采用规格为ϕ219×20 mm的管路，根据管径变化后的压力差计算公式，井底处最大压力约为15 MPa。立管井底处承受22 MPa以上的压力。

综上，现有的矸石破碎系统能力、充填泵泵送能力、原系统干路管道抗压能力都能够满足80万t/a的生产能力的需要。

7.3 现场工程试验效果分析

膏体充填工作面作业与垮落法开采工作面一致。膏体充填工作面回采后，工作面底板的原岩应力平衡被打破，采场围岩将寻求新的平衡，使得工作面产生应力集中，然后，充填开采后围岩应力逐渐转移卸压，最后逐渐达到二次围岩平衡，即恢复原岩应力状态。在围岩应力状态的变化中，工作面底板煤岩体将产生竖向、层向及剪切裂隙等大量裂隙带，且三种裂隙无明显分界，彼此相互穿插。而我国对工作面底板破坏深度的实测装备与技术的研究已经形成规模，测试方法种类多，但由于现场施工条件限制，每种方法均有其自身的局限性。为实测岱庄煤矿11607充填工作面充填开采对底板破坏的深度，通过在充填开采工作面底板打钻注水的方法，观测工作面下伏煤岩层破坏深度。

现场大量试验表明：底板贯通度可由钻孔的注水量来反映。工作面底板裂隙发育程度(即底板破坏深度)与钻孔注水量成正比。在工作面开采前，下伏煤岩层未受到采动的影响，注水试验的钻孔未受到采动影响，下伏煤岩层未产生裂隙，对注水量未产生明显影响；当工作面开采经过时，注水试验的钻孔受到超前支承压力影响，下伏煤岩层产生的裂隙被压实，进而导致注水量略有减少；当工作面开采经过后，下伏煤岩层产生卸压膨胀变形，下伏煤岩层裂隙大量发育，进而导致注水试验钻孔产生剪切和膨胀变形，使得注水量明显增多。综上分析，并结合11607工作面现场实际，设计工作面下伏煤岩层分段仰角钻孔注水试验法，通过工作面开采期间注水试验钻孔的注水量变化来确定工作面下伏煤岩层破坏的深度。结合现场观测充填体受力、变形及接顶情况，综合分析膏体充填开采的应用效果。

7.3.1 试验工作面现场实测

7.3.1.1 注水试验钻孔布置

(1) 注水试验钻孔设计

通过对11607膏体充填工作面现场情况的分析，选择在轨道巷打设钻孔进行注水试验，实现对11607膏体充填工作面下伏煤岩层破坏深度的实测。选择在距离终采线100 m处布置编号1#测站，间隔15 m布置2#测站，每个测站均打设间距为2 m的4个注水试验钻孔，总计8个注水钻孔。布置的1#和2#测站位置如图7-6所示。

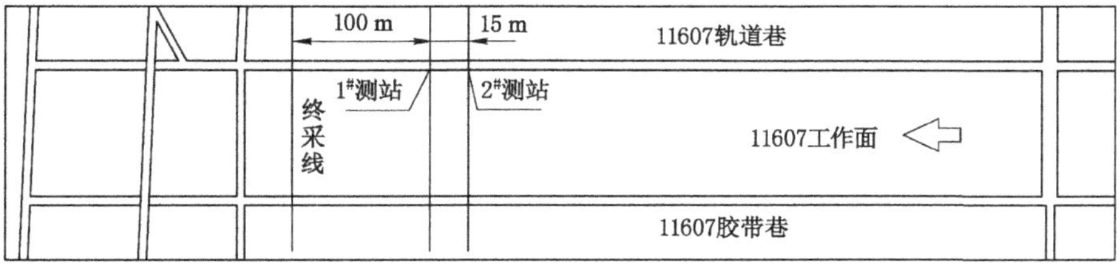

图 7-6 钻孔施工布置示意图

1#测站的4个钻孔与煤层仰(俯)角均为60°，2#测站的4个钻孔与煤层垂直，1#测站与2#测站可观测的破坏深度均为2 m、3 m、5 m、7 m。1#和2#测站各注水钻孔布置示意如图7-7所示。

(2) 注水试验钻孔施工

为了对注水试验钻孔进行保护，首先在轨道巷底板开挖长度和宽度均为200 mm、深度为150 mm的立方槽，顶板注水试验钻孔不开掘保护槽；然后在保护槽内进行开孔，选择的钻头直径为100 mm，开孔的深度为各钻孔注水测试下伏煤岩层破坏的设计深度；在开孔内布置套管，其直径为100 mm，布置好套管后，将钻孔与套管间的孔隙用水泥浆注满，并待其凝固后用钻头(直径为73 mm)

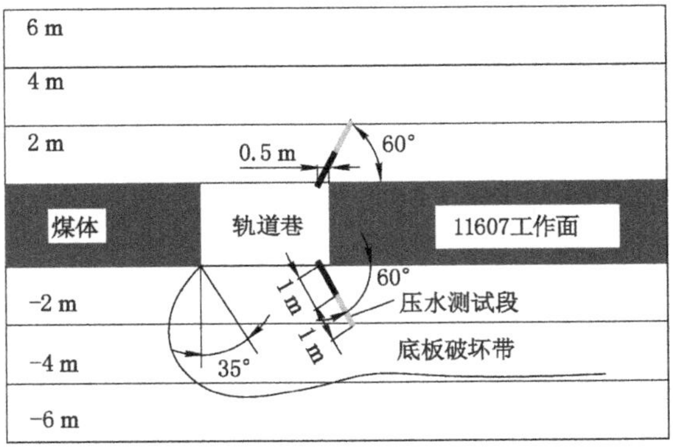

(a) 1-1#钻孔

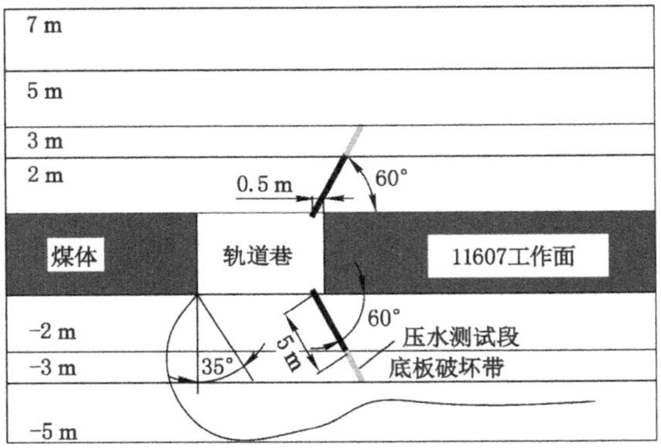

(b) 1-2#钻孔

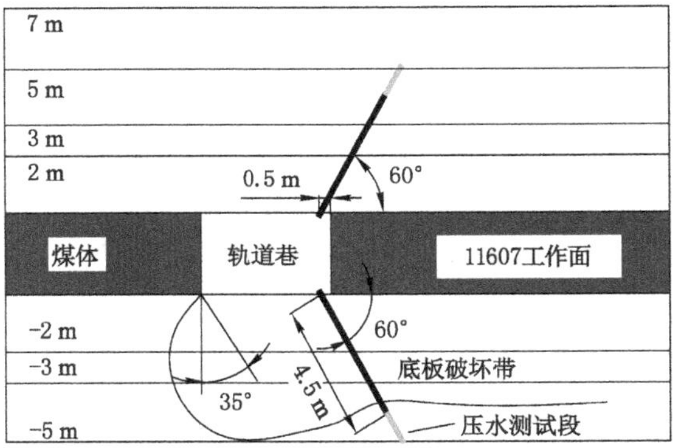

(c) 1-3#钻孔

图 7-7　1# 和 2# 测站各注水钻孔布置示意图

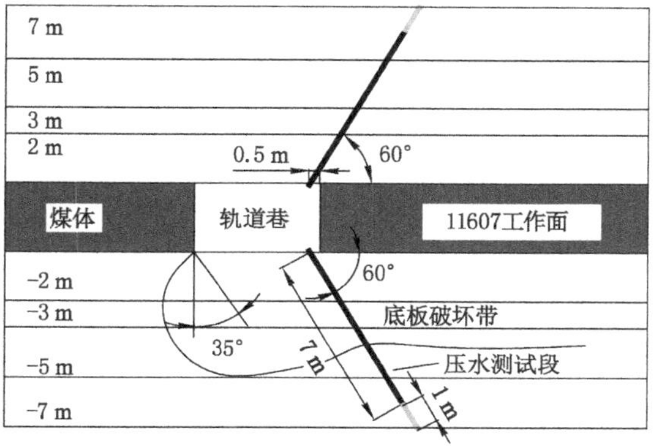

（d） 1-4#钻孔

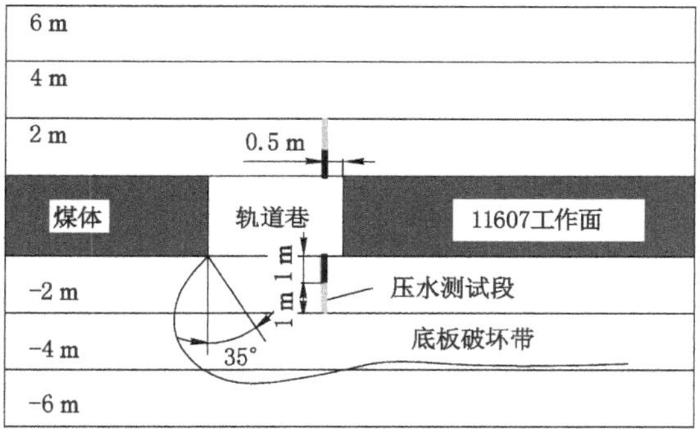

（e） 2-1#钻孔

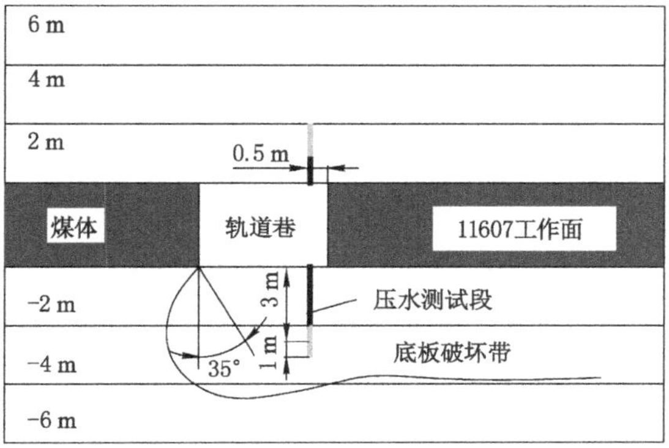

（f） 2-2#钻孔

图 7-7（续）

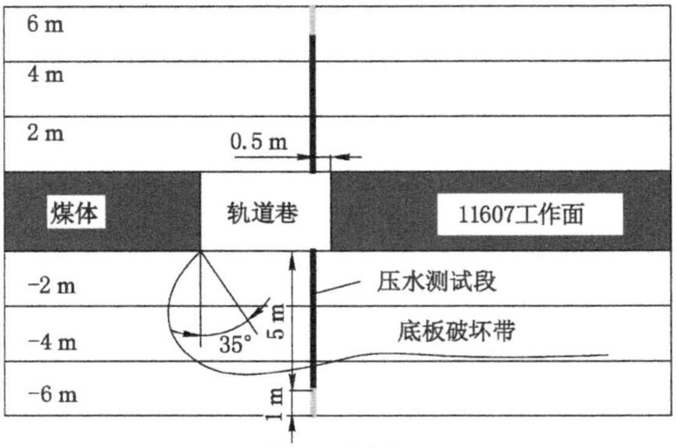

(g) 2-3#钻孔

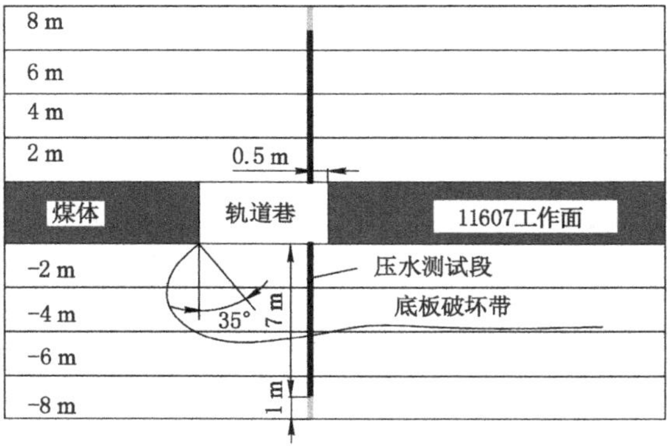

(h) 2-4#钻孔

图 7-7(续)

对其进行扫孔,达到各钻孔注水观测下伏煤岩层破坏的设计深度,试验钻孔底部浅灰色部分为裸孔,其倾斜长度为 1.0 m,设计各注水试验钻孔的施工参数见表 7-4,注水钻孔结构设计如图 7-8 所示。

表 7-4　设计注水钻孔的施工参数

编号		钻孔长度/m		下伏煤岩深度测试段深度/m
		直径 75 mm	直径 113 mm	
1# 测站	1-1#	2.0	1.0	1.9
	1-2#	3.5	2.5	3.2
	1-3#	5.5	4.5	5.0
	1-4#	8.0	730	7.1

表 7-4(续)

编号		钻孔长度/m		下伏煤岩深度测试段深度/m
		直径 75 mm	直径 113 mm	
2# 测站	2-1#	2.0	1.0	2.2
	2-2#	4.0	3.0	4.2
	2-3#	6.0	5.0	6.2
	2-4#	8.0	7.0	7.2

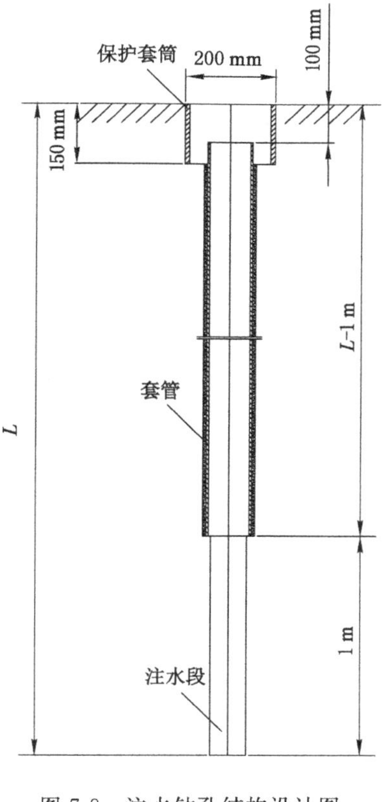

图 7-8 注水钻孔结构设计图

(3) 注水试验仪器及设备

根据注水试验测试方案设计，本次注水试验测试下伏煤岩层破坏深度所选用的试验仪器及设备见表 7-5，注水试验测试设备如图 7-9 所示。

表 7-5　试验仪器及设备清单

序号	试验仪器及设备名称	数量/个	备注
1	A 型套管	60	套管直径为 100 mm，长度为 1.05 m
2	B 型套管	4	套管直径 100 mm，长度为 0.55 m
3	套管盖	16	
4	保护盒	8	
5	钻机	1	配套直径为 113 mm 和 75 mm 两种尺寸钻头
6	4 分水管接口防尘水管	1	配套 4 分水管接口和控制调节阀开关
7	测量设备	1	配套压力表、流量计、调节阀、泄压阀等

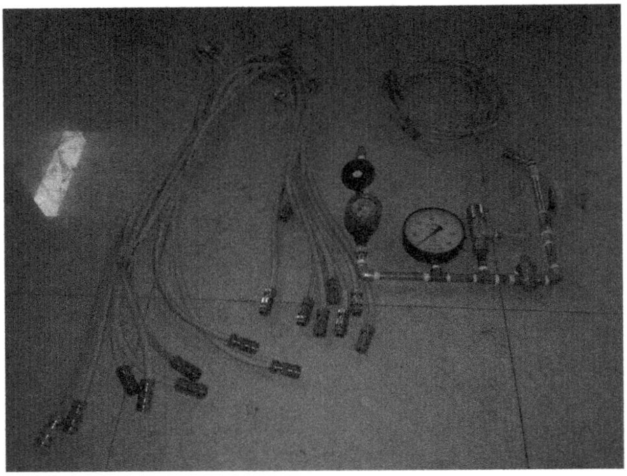

图 7-9　注水试验测试设备

(4) 试验测试方法

结合前面注水试验测试方案设计和所选用的试验仪器及设备，本次注水试验测试下伏煤岩层破坏深度的注水水压范围为 0.15～0.2 MPa，注水时间应大于 15 min 且小于 25 min，每 5 min 记录一次试验结果，如图 7-10 所示。从测站内各注水钻孔施工完毕开始，当测站与 11607 工作面间距大于 40 m 时，观测周期为 2 周 1 次；当测站与 11607 工作面间距为 20～40 m 时，观测周期为 1 周 1 次；当测站与 11607 工作面间距小于 20 m 时，观测周期为 1 个充填采煤循环 1 次。

图 7-10 膏体充填综采工作面底板破坏深度现场测试

7.3.1.2 充填体变形及受力测站布置

(1) 充填体变形测站布置

充填体变形测站布置如图 7-11 所示。从充填工作面推进 20 m 后开始，每隔 40 m 设 1 个测站，共设置 4 个测站，且每个测站布置 2 个测面，在每个测站顶底板和两帮的中部各布置 1 个测点。

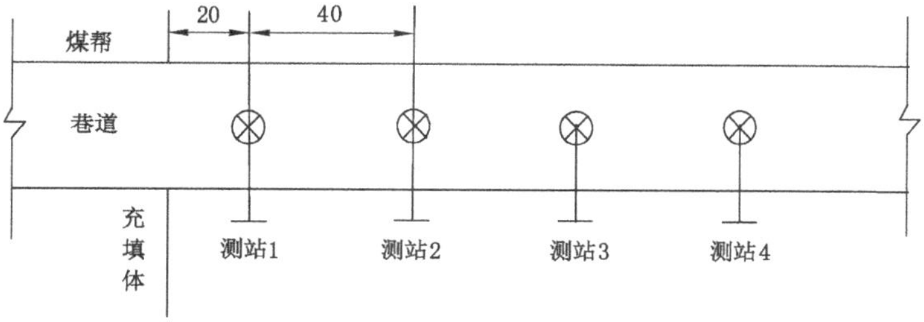

(a) 充填体变形测站布置图

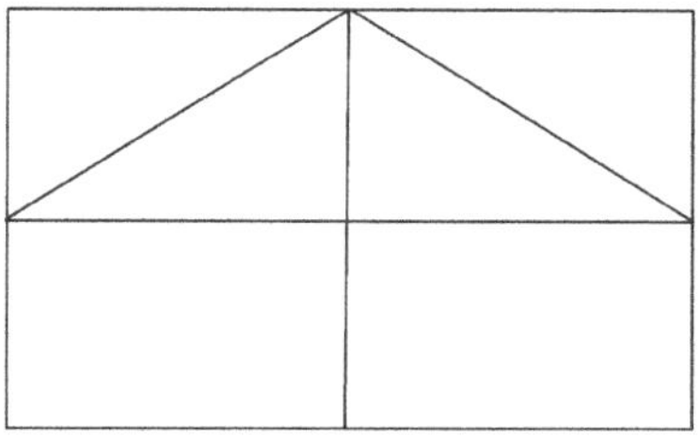

(b) 充填体变形测站布置断面图

图 7-11 充填体变形测站布置图

(2) 充填体受力测站布置

在距工作面 100 m 处布置 1 组测站,从工作面皮带巷向工作面方向 2 m 处布置测站,每个测站均铺设应力监测传感器(图 7-12),以后每隔 40 m 布置 1 组测站,共设置 3 组测站。应力监测传感器所测数据可通过布设电缆,将所测数据直接传至地表。

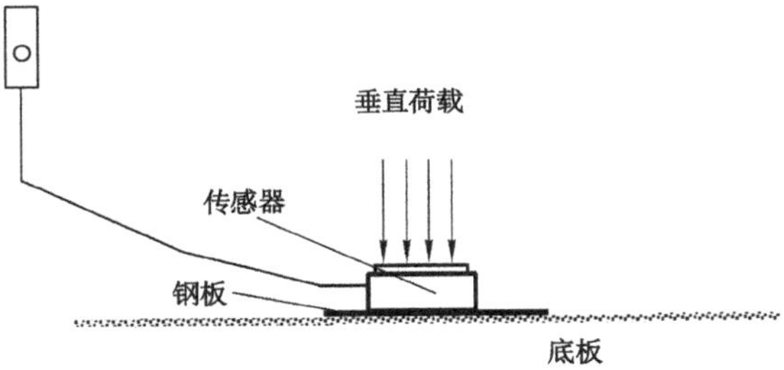

图 7-12　应力监测传感器布置

7.3.2　试验效果分析

7.3.2.1　底板破坏深度分析

在 9 月至 12 月 4 个月期间,对岱庄煤矿 11607 工作面轨道巷内 1# 和 2# 测站的各注水钻孔测量深度进行现场实测。12 月 15 日进行最后一次监测时,11607 工作面距离 2# 测站已推过 15 m,期间共收集到 5 组有效监测数据,具体数据见表 7-6。

表 7-6　1# 和 2# 测站各钻孔测试数据表

测试点	编号	测量深度/m	注水量/(L/min)				
			9 月 10 日	10 月 5 日	11 月 10 日	11 月 30 日	12 月 15 日
1# 测站	1-1#	2	0.4	0.2	0.1	0.1	0
	1-2#	3	0.3	0.1	7.1	5.0	0
	1-3#	5	1.1	1.1	9.0	6.0	0
	1-4#	7	0.3	0.3	0.4	1.6	0
2# 测站	2-1#	2	0.1	0.1	0.1	0.1	0
	2-2#	4	0.1	0.1	0.3	0.1	0
	2-3#	6	0.1	0.7	2.1	1.3	0
	2-4#	8	2.0	1.1	2.2	1.0	0

(1) 1# 测站数据分析

由表 7-6 可知,12 月 15 日未收集到第 5 次试验测试的有效数据,只能根据 9 月 10 日、10 月 5 日、11 月 10 日和 11 月 30 日收集的 4 组数据进行分析,结果如图 7-13 所示。

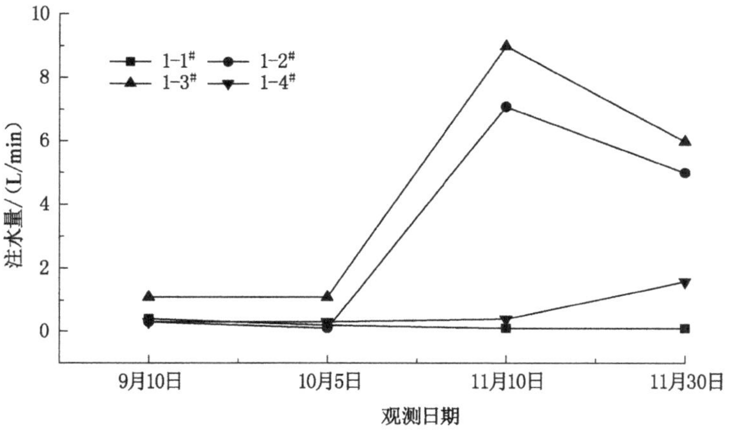

图 7-13　1# 测站各钻孔注水量

从图 7-13 所示的 1# 测站各钻孔注水量变化曲线分析可知,随着工作面不断开采推进,1-1# 和 1-4# 钻孔注水量变化曲线较为平稳,无明显波动起伏;而 1-2# 和 1-3# 钻孔注水量变化曲线波动较为明显,其中 1-2# 钻孔注水量范围为 0.3～7.1 L/min,1-3# 钻孔注水量范围为 1.1～9.0 L/min。1-2# 和 1-3# 钻孔注水量的变化规律基本相同,均经历了平稳阶段、剧增阶段和衰减阶段三个时期,究其原因在于随着 11607 膏体充填工作面逐步向前推进,注水钻孔将从初始的原岩应力阶段先经历超前支承压力所产生的应力集中阶段,然后经历膏体充填开采之后充填体起到支撑作用的围岩卸压阶段,最后经历为寻求新的平衡而恢复原岩应力阶段。由于传统工作面的推进,底板注水钻孔经历不同阶段,使得工作面底板产生大量竖向张裂隙、层向裂隙以及剪切裂隙,具体表现为下伏煤岩体破坏深度测试点各钻孔站注水量大量增加;膏体充填材料充入采空区,其强度随着时间效应逐渐增加,与未采煤体一同对围岩起到支撑作用,采空区顶底煤岩体重新恢复到原岩应力状态,使得采空区下伏煤岩层中的裂隙被压实,导致测站各钻孔注水量衰减。

1-2# 与 1-3# 钻孔的注水量变化较大,且波动幅度大,这两个钻孔的深度分别为 3 m 与 5 m;而 1-1# 与 1-4# 钻孔注水量较小,波动幅度基本可以忽略,这两个钻孔的深度分别为 2 m 与 7 m。据此可以表明:11607 膏体充填工作面下伏煤岩层裂隙发育深度为 3～5 m,即 11607 膏体充填工作面开采后底板破坏深度为 3～5 m。

(2) 2# 测站数据分析

根据表 7-6 可知,12 月 15 日同样未收集到 2# 试验测试点各钻孔的第 5 次试验测试的有效数据,只能根据 9 月 10 日、10 月 5 日、11 月 10 日和 11 月 30 日收集的 4 组数据进行分析,结果如图 7-14 所示。

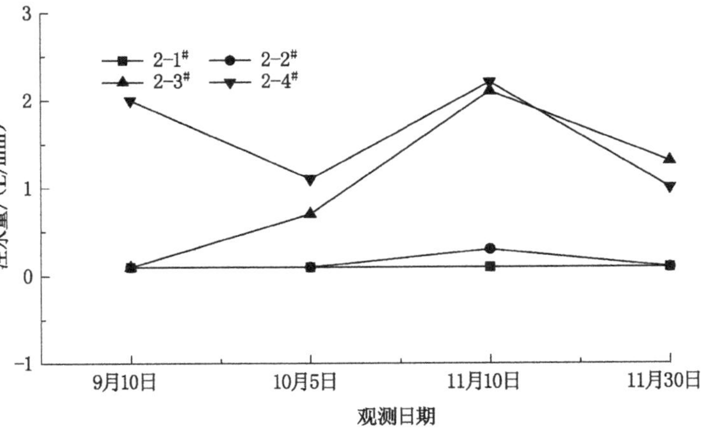

图 7-14　2# 测站各钻孔注水量

从图 7-14 的 2# 测站各钻孔注水量变化曲线可知,随着工作面不断开采推进,2-1# 和 2-2# 钻孔注水量均小于 0.3 L/min,且变化曲线较为平稳,无明显波动起伏;而 2-3# 和 2-4# 钻孔注水量变化曲线波动较为明显,其中 2-3# 钻孔注水量范围为 0.1～2.1 L/min,2-4# 钻孔注水量范围为 1.0～2.2 L/min。2-3# 和 2-4# 钻孔注水量的变化规律大致相同,均经历了剧增阶段和衰减阶段两个时期,究其原因在于随着 11607 膏体充填工作面逐步向前推进,注水钻孔将从初始的原岩应力阶段过渡到超前支承压力所产生的应力集中阶段,然后经历膏体充填开采之后充填体起到支撑作用的围岩卸压阶段,最后经历为寻求新的平衡而恢复原岩应力阶段。由于传统工作面的推进,底板注水钻孔经历不同阶段,使得工作面底板产生大量竖向张裂隙、层向裂隙以及剪切裂隙,具体表现为下伏煤岩体破坏深度测站各钻孔注水量大量增加;膏体充填材料充入采空区,其强度随着时间效应逐渐增加,与未采煤体一同对围岩起到支撑作用,采空区顶底煤岩体重新恢复到原岩应力状态,使得采空区下伏煤岩层中的裂隙被压实,导致测站各钻孔注水量衰减。

$2^{\#}$测站的4个钻孔相比$1^{\#}$测站的4个钻孔其注水量较小。$2^{\#}$测站的$2\text{-}1^{\#}$与$2\text{-}4^{\#}$钻孔的深度分别为2 m与8 m,即2 m以内的工作面底板煤岩体裂隙较为发育。据此可以表明:11607膏体充填工作面下伏煤岩层破坏深度为2 m。

7.3.2.2 膏体充填体受力及变形分析

11607膏体充填工作面充填体受力及变形观测结果如图7-15所示。

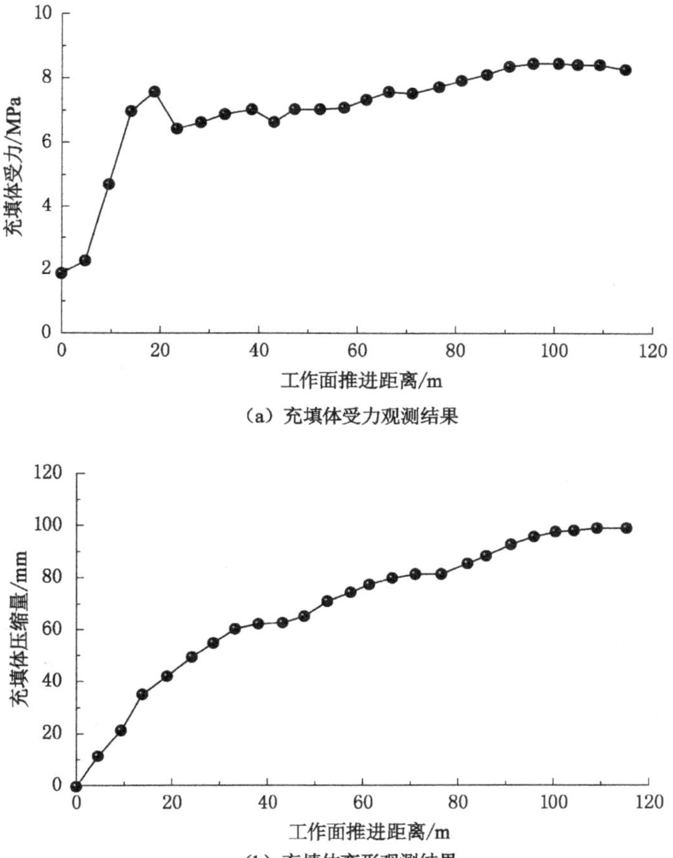

(a) 充填体受力观测结果

(b) 充填体变形观测结果

图7-15 11607工作面充填体受力及变形观测结果

根据图7-15(a)分析可得:膏体充填材料充入采空区后,由于时间效应,充填体强度随着龄期增加而不断增大,逐渐对工作面围岩起到支撑作用,使得煤岩体重新恢复到原岩应力状态,在该过程中充填体承受的荷载呈现线性急剧上升趋势，最终逐渐趋于平稳；11607 工作面推进 20 m 期间，膏体充填体所承受的荷载急剧上升至 7.8 MPa，然后呈现缓慢的增长趋势，在工作面推进至 95 m 后，膏体充填材料呈现塑性强化特性，所承受的荷载在 8.3 MPa 左右，之后充填体受力维持在 7.8～8.5 MPa，并大致保持平稳趋势，说明顶底板已基本趋于稳定。

由图 7-15(b)可以看出，随着 11607 工作面开采推进，采空区采用膏体充填后，充填体凝固形成承载结构，在该过程中充填体的压缩量与承受的荷载变化规律大致相同，均呈现线性急剧上升，最终趋于平稳。在 11607 膏体充填工作面推进 30 m 期间，充填体压缩量呈现线性急剧上升趋势，压缩量迅速上升至62 mm 左右；当 11607 膏体充填工作面推进量为 30～100 m 时，充填体压缩量的增加速率依然较快，压缩量仍迅速增加到 95 mm 左右，但增加速率相对于30 m 之前相对变缓；随着 11607 膏体充填工作面继续推进至 100 m 之后，充填体压缩量增加速率开始变缓，充填体压缩量逐渐稳定在 95～100 mm。

7.3.2.3 膏体充填体接顶效果分析

岱庄煤矿利用膏体充填开采技术开采 11607 工作面，充填接顶效果及沿空留巷情况如图 7-16 所示。

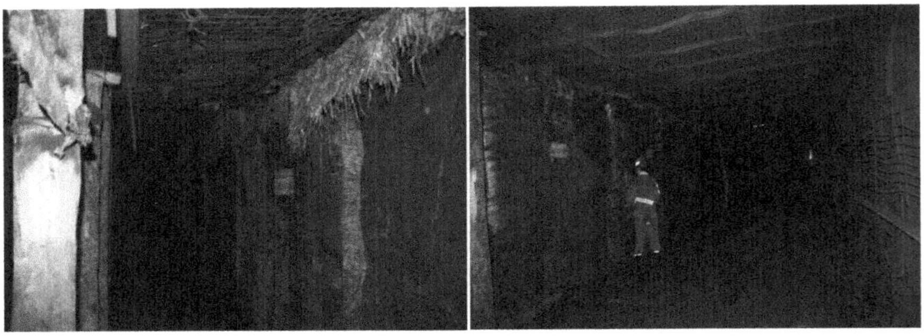

图 7-16 充填接顶效果及沿空留巷情况图

根据岱庄煤矿充填量统计结果：在 1 月 3 日—12 月 25 日统计期间(部分，总计 86 d)，岱庄煤矿 11607 工作面膏体充填率变化柱状图如图 7-17 所示。由图 7-17 可知：岱庄煤矿 11607 工作面采空区形成的充填体积约为 89 223 m^3，期间共使用膏体充填材料 87 688 m^3，充填率平均值基本达到 98.9%。

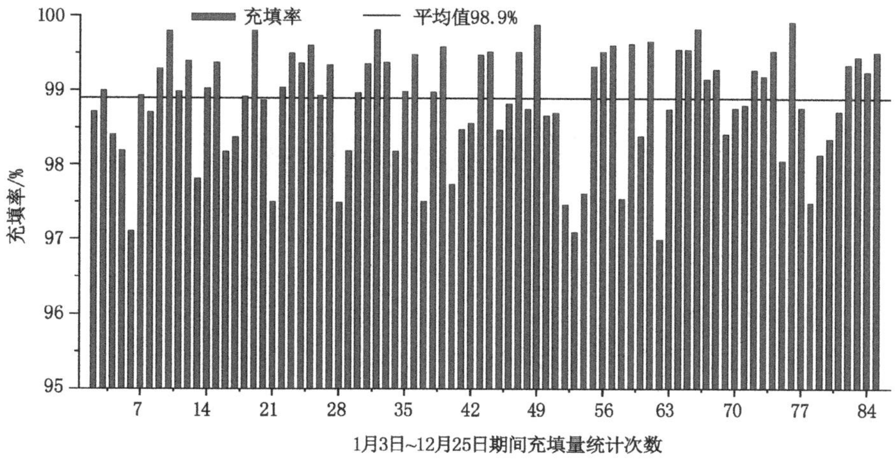

图 7-17 11607 工作面膏体充填率柱状图

7.4 本章小结

(1) 分析研究了膏体充填材料的性能，并介绍了岱庄煤矿膏体充填工艺系统。充填体可泵性主要受其质量分数的影响，影响膏体强度的主要因素为胶结料掺量，通过不同的试验方案最终得出充填材料的最佳配比为：胶结料用量为 60 kg/m^3、粉煤灰用量为 400 kg/m^3、煤矸石用量为 1 600 kg/m^3，质量分数为 78%。

(2) 控制工作面下伏煤岩层破坏深度的关键在于保障采空区的充填率。而要提高采空区充填率，根本在于控制充填之前的覆岩下沉量、充填时的充填体欠接顶量、充填体凝固承载后的压缩变形量。

(3) 通过钻孔分段注水试验可知：1# 测站的 1-2# 与 1-3# 钻孔的注水量变化较大，且波动幅度大，这两个钻孔的深度分别为 3 m 与 5 m，即 3～5 m 以内的工作面底板煤岩体裂隙较为发育；2# 测站的 2-1# 与 2-4# 钻孔的深度分别为 2 m 与 8 m，即 2 m 以内的工作面底板煤岩体裂隙较为发育。综上所述：11607 膏体充填工作面开采后，工作面底板破坏深度为 3～5 m。

(4) 根据岱庄煤矿充填体受力与变形以及充填量统计结果分析可知：充填体压缩量稳定后基本在 90～100 mm，充填体受力稳定后维持在 7.8～8.5 MPa，充填率平均值达到 98.9%。

8 研究结论与展望

8.1 主要结论

针对近距离高承压水上安全采煤的问题，本书以岱庄煤矿1160采区11607膏体充填开采工作面的现场开采实际为依托，对膏体充填开采工作面底板岩层破坏中的一些关键影响因素进行研究和分析。通过对膏体充填开采工作面底板破坏规律及控制措施进行研究分析，为岱庄煤矿安全高效开采提供保障。本书得出的主要结论如下。

(1) 岱庄煤矿11607工作面底板与下方十三灰含水层上表面的垂距为23.6～28.4 m，水压为3.9～4.4 MPa，属典型近距离高承压水上采煤条件。通过对11607工作面底板承压含水层十三灰和奥灰注浆改造的现场钻探结果可知：工作面底板十三灰含水层与奥灰含水层突水系数分别为0.32～0.48 MPa/m、0.13 MPa/m，均大于《煤矿防治水细则》中突水系数小于0.1 MPa的要求。采用垮落法开采该工作面煤层，将导致底板破坏深度增加，间接造成底板隔水层厚度减小，使得承压水上采煤的危险性增加。

(2) 通过分析近距离高承压水上充填体作用机理，研究了充填底板应力分布规律及破坏特征。研究表明：基于等价采高的塑性区滑移线场理论，11607膏体充填工作面等价采高为0.39～0.49 mm，工作面底板破坏深度为2.5～3.0 m；基于等效巷道理论，当工作面推进速度为1.2～3.6 m/d，充填体达到耐水压强度的时间小于2 d时，工作面底板破坏深度为4.6～8.4 m。该底板破坏深度变化范围较大的主要原因是：等效巷道宽度随充填步距和达到耐水强度的时间的增加而增大，进而导致底板破坏深度呈不断增大趋势。

(3) 根据近距离高承压水上膏体充填综采工作面底板承受荷载的特点，构建了底板隔水关键层承受线性增加水压时的力学模型，得到了底板隔水关键层承受的水压极限值，给出了近距离高承压水上膏体充填综采底板突水的力学判据表达式 $f(x,y)$。研究表明：隔水关键层相对稳定，即 $f(x,y)<1$ 时，不发生底板突水；隔水关键层处于临界值，即 $f(x,y)=1$ 时，发生底板突水；隔水关键

层破坏，即 $f(x,y)>1$ 时，发生底板突水。底板突水判据 $f(x,y)$ 的获得，为现场近距离高承压水上煤层膏体充填综采底板突水预测提供了理论依据。

(4) 构建了近距离高承压水上煤层膏体充填综采工作面底板梁式力学模型，分析了工作面带压开采条件下底板隔水安全性影响因素，得到了底板跨度与充填工艺参数间的关系，提出了膏体充填工作面底板安全性评价流程。研究表明：增加隔水层的厚度、提高隔水层的强度、减少耐水压强度的达到时间、减缓割煤的速度、降低底板自重和承压水的水压合力均能提升隔水层安全系数。

(5) 建立了近距离高承压水上膏体充填综采 FLAC3D 数值计算模型，研究结果表明：11607 膏体充填工作面围岩应力集中范围及位移量受充填体后期强度的影响较小，受充填步距的影响较大；围岩应力集中范围及位移量随着充填步距的减小而呈现明显下降趋势；膏体充填工作面下伏煤岩层已贯通的塑性区深度随着充填步距、充填体强度的增加而未出现明显变化，塑性区贯通至底部泥岩与细粒砂岩层位，深度均为 3.6 m 左右。

(6) 通过实验室测试研究了膏体的可泵性和强度特性，分析了膏体充填材料的性能，确定了充填材料的最优配比，设计了膏体充填工艺系统。通过注水试验实测 11607 膏体充填工作面开采底板破坏深度。通过对两组钻孔的综合分析，11607 膏体充填工作面开采后底板破坏深度为 3～5 m，实现了近距离高承压水上煤层的安全开采。

8.2 创新点

(1) 根据充填体承受荷载与承压水水压间的相互作用机制，提出了耐水压强度的概念，给出了耐水压强度关系式，并基于等效巷道理论，探究了充填步距、等效巷道宽度和耐水压强度对底板破坏深度的影响规律。

(2) 构建了近距离高承压水上煤层膏体充填综采底板隔水关键层结构力学模型，得到了底板隔水关键层挠曲方程，分析了底板隔水关键层力学特征，给出了底板隔水关键层结构破坏而发生突水的失稳判据，揭示了充填体与底板复合隔水关键层间的相互作用机理。

(3) 建立了近距离高承压水上煤层膏体充填综采底板隔水关键层渗流力学分析模型，分析了充填率对底板隔水关键层结构稳定性及渗流系统稳定性的作用机制，得到了膏体充填综采底板隔水关键层渗流系统发生失稳的判据，揭示了近距离高承压水上煤层膏体充填综采底板渗透性规律。

(4) 构建了近距离高承压水上煤层膏体充填综采底板隔水关键层梁式力学模型，得到了充填工艺参数和底板隔水关键层安全厚度校验判据，给出了膏体充填工作面底板隔水关键层安全系数、安全评价方法及评价流程。

8.3 研究展望

我国大量煤炭资源受到煤层底板承压含水层突水威胁，膏体充填采煤技术作为绿色开采技术的主要组成部分，具有高采空区充填率、限制围岩活动空间、改善顶底板围岩条件等优势，可实现高承压含水层上煤层的安全高效开采，研究其基础理论具有现实意义。本书基于等效巷道与等价采高理论分析了近距离高承压水上膏体充填综采底板破坏特征与充填体作用机理，研究了充填综采底板隔水关键层的结构与渗流稳定性，构建了底板隔水关键层梁式模型，提出了充填工作面底板安全性评价方法及评价流程，取得了一定成果，但仍需对以下方面进行更加深入的研究。

(1) 承压水上膏体充填体的长期承载性研究

在复杂、多变的温度场、时间场及水力场等多应力场耦合作用下，膏体充填体在承压水上的长期承载性能的改变将直接影响充填底板隔水关键层的长期渗流稳定性及裂隙带的演化，进而影响到近距离高承压含水层上煤层的安全高效开采。因此，对膏体充填体在承压水上的长期承载性能及其时间效应有待进一步研究。

(2) 膏体充填体耐水压强度的普适性研究

充填步距及耐水压强度直接决定了等效巷道的宽度及其作用时间，进而影响膏体充填综采底板的破坏深度。本书基于等效巷道理论，通过充填步距及达到耐水压强度所需的时间计算得到了近距离高承压含水层上膏体充填综采底板破坏深度，虽然在该工程中得到了很好的应用，但由于不同矿井地质作用及承压含水层水压存在较大的差异性，导致充填体的耐水压强度及其所需时间有所不同。因此，对耐水压强度及其所需时间还需经过大量工程实践验证，以增加其普适性。

(3) 隔水关键层渗流特性的差异性研究

隔水关键层由于水文地质条件的不同，其结构表现出明显的差异性，其岩石的渗流特性对近距离高承压水上膏体充填综采底板隔水关键层损伤状态及渗流系统稳定性起到至关重要的作用。因此，需对不同水文地质条件、不同结构特性的隔水关键层进行更加全面的渗流特性研究。

参考文献

[1] 柏建彪，周华强，侯朝炯，等. 沿空留巷巷旁支护技术的发展[J]. 中国矿业大学学报，2004，33(2)：183-186.
[2] 蔡美峰. 岩石力学与工程[M]. 2版. 北京：科学出版社，2013.
[3] 常庆粮. 膏体充填控制覆岩变形与地表沉陷的理论研究与实践[D]. 徐州：中国矿业大学，2009.
[4] 常庆粮，唐维军，李秀山. 膏体充填综采底板破坏规律与实测研究[J]. 采矿与安全工程学报，2016，33(1)：96-101.
[5] 常庆粮，周华强，柏建彪，等. 膏体充填开采覆岩稳定性研究与实践[J]. 采矿与安全工程学报，2011，28(2)：279-282.
[6] 常庆粮，周华强，秦剑云，等. 膏体充填材料配比的神经网络预测研究[J]. 采矿与安全工程学报，2009，26(1)：74-77.
[7] 陈军涛，郭惟嘉，尹立明，等. 深部开采底板裂隙扩展演化规律试验研究[J]. 岩石力学与工程学报，2016，35(11)：2298-2306.
[8] 陈善乐，汪华君，赵明洲，等. 断层带和底板注浆模拟及其防水分析[J]. 安全与环境学报，2015，15(5)：39-43.
[9] 陈洋，李东，姜福兴，等. 深井特厚煤层充填开采防冲机理研究[J]. 采矿与安全工程学报，2020，37(5)：969-976.
[10] 陈雨，郭立全，张平松，等. 基于电阻率法的沿海地区浅表富气土层含气特征探测试验分析[J]. 河南理工大学学报(自然科学版)，2021，40(3)：51-58.
[11] 陈雨，欧元超，胡雄武. 毛竹冬笋并行电法探测可行性研究与观测系统优选[J]. 河南理工大学学报(自然科学版)，2019，38(3)：54-60.
[12] 杜毅敏，张春光. 基于综合物探技术的煤厚超前探测研究[J]. 矿业安全与环保，2013，40(5)：63-66.
[13] 段建华. 煤层底板突水综合监测技术及其应用[J]. 煤田地质与勘探，2020，48(4)：19-28.
[14] 冯光明，李乃梁，丁玉. 煤矿超高水材料充填工艺系统与实践[J]. 矿业工程

研究,2019,34(1):13-22.
[15] 冯国瑞,杜献杰,郭育霞,等.结构充填开采基础理论与地下空间利用构想[J].煤炭学报,2019,44(1):74-84.
[16] 冯启言,陈启辉.煤层开采底板破坏深度的动态模拟[J].矿山压力与顶板管理,1998,15(3):71-73.
[17] 冯强,蒋斌松.基于积分变换采场底板应力与变形解析计算[J].岩土力学,2015,36(12):3482-3488.
[18] 冯晓青.华北隐伏型煤田松散承压含水层下开采顶板突水预测与防治技术研究[D].合肥:合肥工业大学,2016.
[19] 付茂如,张平松,吴荣新,等.矿井工作面底板水害探查试验模拟研究[J].安徽理工大学学报(自然科学版),2018,38(1):20-24.
[20] 付世虎,卜俊,颜斌.叠合板底板现场力学性能试验与数值模拟研究[J].山西建筑,2021,47(9):36-39.
[21] 高延法,李白英.受奥灰承压水威胁煤层采场底板变形破坏规律研究[J].煤炭学报,1992(2):7-9.
[22] 郭立全,刘盛东.巷道构造震波超前探测技术及其应用[J].煤炭科学技术,2008,36(11):99-101.
[23] 郭惟嘉,张士川,孙文斌,等.深部开采底板突水灾变模式及试验应用[J].煤炭学报,2018,43(1):219-227.
[24] 韩健.浅析探地雷达在隧道超前地质预报检测中的应用[J].山西建筑,2017,43(33):169-170.
[25] 韩久方,柳昭星,王皓.深井高承压水工作面底板注浆效果及突水危险性分析[J].煤炭技术,2023,42 (4):122-126.
[26] 贺爱萍,付华,霍丙杰,等.保护层开采被保护层裂隙分布与增透效果相似材料模拟[J].安全与环境学报,2019,19(4):1174-1181.
[27] 贺文.水玻璃化学浆在地面预注浆中的应用研究[J].煤炭工程,2017,49(8):70-73.
[28] 胡炳南.我国煤矿充填开采技术及其发展趋势[J].煤炭科学技术,2012(11):1-5,18.
[29] 胡炳南,刘鹏亮,崔锋,等.我国充填采煤技术回顾及发展现状[J].煤炭科学技术,2020,48(9):39-47.
[30] 胡炳南,张华兴,申宝宏.建筑物、水体、铁路及主要井巷煤柱留设与压煤开采指南[M].北京:煤炭工业出版社,2017.
[31] 胡学红,李长文,李新,等.低孔隙度低渗透率砂岩的声波特性实验研究

[J]. 测井技术，2004，28(4)：273-276.
[32] 华心祝，杨朋. 深井大断面沿空留巷底板变形动态演化特征研究[J]. 中国矿业大学学报，2018，47(3)：494-501.
[33] 黄浩，方刚，梁向阳. 呼吉尔特矿区侏罗系深埋煤层导水断裂带发育高度研究[J]. 煤矿安全，2019，50(10)：22-28.
[34] 黄书岭，徐劲松，丁秀丽，等. 考虑结构面特性的层状岩体复合材料模型与应用研究[J]. 岩石力学与工程学报，2010，29(4)：743-756.
[35] 黄卫星. 陈四楼煤矿高承压水上采动底板突水机理研究[D]. 徐州：中国矿业大学，2017.
[36] 贾林刚. 风积砂膏体充填开采覆岩移动与地表沉陷机理研究及应用[D]. 北京：煤炭科学研究总院，2020.
[37] 蓝航，姚建国，张华兴，等. 基于 FLAC3D 的节理岩体采动损伤本构模型的开发及应用[J]. 岩石力学与工程学报，2008，27(3)：572-579.
[38] 黎良杰，钱鸣高，殷有泉. 采场底板突水相似材料模拟研究[J]. 煤田地质与勘探，1997，25(1)：33-36.
[39] 李飚，刘生财，曹益明，等. 基于不同测试方法的宁波海相软土电阻率测试研究[J]. 科技通报，2018，34(9)：99-103.
[40] 李海龙，白海波，马丹，等. 采动动载作用下底板岩层裂隙演化规律的相似模拟研究[J]. 采矿与安全工程学报，2018，35(2)：366-372.
[41] 李可. 承压水上采煤底板破坏特征[J]. 煤矿安全，2017，48(2)：178-180，184.
[42] 李磊，李辉. 底板注浆加固钻孔回浆封孔法施工工艺[J]. 内蒙古煤炭经济，2017(22)：127-128.
[43] 李猛. 矸石充填材料力学行为及控制岩层移动机理研究[D]. 徐州：中国矿业大学，2018.
[44] 李佩. 奥灰岩溶裂隙含水层水平注浆孔浆液扩散规律研究[D]. 北京：煤炭科学研究总院，2018.
[45] 李松营. 矿井综合物探技术在封堵特大型突水中的应用[J]. 煤炭科学技术，2011，39(11)：23-26.
[46] 李巍，阮泽宇，郭亚超，等. 基于数值模拟分析的上邻近煤层底板损伤特征研究[J]. 矿业研究与开发，2021，41(3)：70-74.
[47] 李文杰. 基于 GIS 技术的煤矿水文地质信息管理与水害预警系统[D]. 太原：太原理工大学，2016.
[48] 李新明. 脆弱性指数方法在底板突水预测中的应用[J]. 煤，2017，26(8)：82-83，97.

[49] 李振华，许延春，陈新明. 高水压工作面底板注浆加固技术研究[J]. 煤炭工程，2013，(5)：32-35.
[50] 廖宝泉，柯愈贤，方立发，等. 膏体充填开采覆岩移动变形规律研究[J]. 有色金属科学与工程，2022，13(3)：99-105.
[51] 刘国荣. 超前地质综合预报方法在虹梯关隧道的应用研究[J]. 公路交通科技(应用技术版)，2013，9(1)：124-126.
[52] 刘建功，李新旺，何团. 我国煤矿充填开采应用现状与发展[J]. 煤炭学报，2020，45(1)：141-150.
[53] 刘健，刘人太，张霄，等. 水泥浆液裂隙注浆扩散规律模型试验与数值模拟[J]. 岩石力学与工程学报，2012，31(12)：2445-2452.
[54] 刘天泉. "三下一上"采煤技术的现状及展望[J]. 煤炭科学技术，1995，23(1)：5-7.
[55] 刘伟韬，穆殿瑞，杨利，等. 倾斜煤层底板破坏深度计算方法及主控因素敏感性分析[J]. 煤炭学报，2017，42(4)：849-859.
[56] 刘新荣，刘永权，杨忠平，等. 基于地质雷达的隧道综合超前预报技术[J]. 岩土工程学报，2015，37(增刊2)：51-56.
[57] 刘迅，纪欣卓，苗凯军. 深部充填沿空巷道护巷煤(岩)体受力特征及稳定性分析[J]. 采矿与安全工程学报，2020，37(1)：32-39.
[58] 鲁海峰，姚多喜. 采动底板层状岩体应力分布规律及破坏深度研究[J]. 岩石力学与工程学报，2014，33(10)：2030-2039.
[59] 鲁海峰，姚多喜，胡友彪，等. 水压影响下煤层底板采动破坏深度弹性力学解[J]. 采矿与安全工程学报，2017，34(3)：452-458.
[60] 吕绍文，汪华君，王昌琪，等. 矿井过断层底板注浆改造效果的数值模拟分析[J]. 煤矿机电，2015(1)：56-60.
[61] 孟祥瑞，徐铖辉，高召宁，等. 采场底板应力分布及破坏机理[J]. 煤炭学报，2010，35(11)：1832-1836.
[62] 牟义，杨新亮，李宏杰，等. 采煤工作面水害电法精细探测技术[J]. 中国矿业，2014，23(3)：88-92.
[63] 欧元超，张平松，李建宁，等. 基于并行电法的重阳木根系空间分布探测试验研究[J]. 科学技术与工程，2017，17(10)：131-135.
[64] 彭祥超. 承压含水层上开采急倾斜煤层底板突水规律研究[D]. 青岛：山东科技大学，2018.
[65] 秦伟，李文平. 鄂尔多斯盆地深部煤层开采导水断裂带发育特征[J]. 煤矿安全，2021，52(6)：217-222.

[66] 史先志. 大埋深高承压水上采煤底板破坏演化及水害防治研究[D]. 徐州：中国矿业大学，2020.

[67] 宋光远，周华强. 膏体充填回收条带煤柱覆岩活化规律研究[J]. 煤矿安全，2019，50(2)：228-231.

[68] 宋文成，梁正召，赵春波. 承压水上开采沿工作面倾向底板力学破坏特征[J]. 岩石力学与工程学报，2018，37(9)：2131-2143.

[69] 孙建. 倾斜煤层底板破坏特征及突水机理研究[D]. 徐州：中国矿业大学，2011.

[70] 孙强. 充填开采再造隔水关键层机理及方法研究[D]. 徐州：中国矿业大学，2019.

[71] 孙文斌，张士川，李杨杨，等. 固流耦合相似模拟材料研制及深部突水模拟试验[J]. 岩石力学与工程学报，2015，34(增刊 1)：2665-2670.

[72] 孙希奎. 矿山绿色充填开采发展现状及展望[J]. 煤炭科学技术，2020，48(9)：48-55.

[73] 孙希奎. "三下"采煤膏体充填开采技术研究[J]. 煤炭科学技术，2021，49(1)：218-224.

[74] 孙希奎，赵庆民，施现院. 条带残留煤柱膏体充填综采技术研究与应用[J]. 采矿与安全工程学报，2017，34(4)：650-654.

[75] 孙晓宇. 地面 L 型钻孔煤层底板注浆加固技术与装备研究[J]. 煤炭工程，2018，50(3)：53-56.

[76] 谭茂森，陈代徇，段志强. 多孔介质中 CO_2 露点的超声波测试[J]. 石油仪器，2004(3)：45-46.

[77] 汪武. 舜耕山断裂带电性响应特征及测试研究[D]. 淮南：安徽理工大学，2018.

[78] 王江荣，赵睿，文晖，等. 基于 Probit 回归模型的煤矿底板突水预测[J]. 中国煤炭地质，2015，27(3)：40-42，48.

[79] 王连国，韩猛，王占盛，等. 采场底板应力分布与破坏规律研究[J]. 采矿与安全工程学报，2013，30(3)：317-322.

[80] 王如猛，王少强. 基于 PCA-BP 的煤层底板突水预测研究与防治[J]. 华北科技学院学报，2017，14(4)：29-33.

[81] 王作棠，周华强，谢耀社. 矿山岩体力学[M]. 徐州：中国矿业大学出版社，2007.

[82] 吴爱祥，杨莹，程海勇，等. 中国膏体技术发展现状与趋势[J]. 工程科学学报，2018，40(5)：517-525.

[83] 吴基文，沈书豪，翟晓荣，等. 煤层底板注浆加固效果波速探查与评价[J]. 物探与化探，2014(6)：1302-1306.
[84] 吴亚萍，胡友彪，刘瑜，等. 基于F-RFPA2D的断层注浆加固数值模拟研究[J]. 安徽理工大学学报（自然科学版），2017，37(1)：40-43.
[85] 吴亚萍. 基于COMSOL Multiphysics的断层带注浆数值模拟研究[D]. 淮南：安徽理工大学，2017.
[86] 武龙飞. 朱村矿承压水上膏体充填开采底板破坏规律研究[D]. 徐州：中国矿业大学，2008.
[87] 武强，赵苏启，李竞生，等.《煤矿防治水规定》编制背景与要点[J]. 煤炭学报，2011，36(1)：70-74.
[88] 邢文平，李长青，郭纯. 千米钻机在煤层底板注浆加固防水工程的应用[J]. 煤矿安全，2014，45(1)：115-118.
[89] 徐智敏，孙亚军，巩思园，等. 高承压水上采煤底板突水通道形成的监测与数值模拟[J]. 岩石力学与工程学报，2012，31(8)：1698-1704.
[90] 许家林，轩大洋，朱卫兵. 充填采煤技术现状与展望[J]. 采矿技术，2011，11(3)：24-30.
[91] 许延春，李江华，刘白宙. 焦作矿区煤层底板注浆加固工作面突水原因与防治[J]. 煤田地质与勘探，2014，42(4)：50-54.
[92] 许延春，谢小锋，董检平，等. 基于正交设计的底板注浆加固影响因素试验研究[J]. 辽宁工程技术大学学报（自然科学版），2017，36(12)：1257-1263.
[93] 轩召军，常庆粮. 膏体充填开采底板破坏机理及分区治理技术[J]. 煤矿安全，2022，53(8)：210-217.
[94] 杨金海，李士伦，郭平，等. 孔隙介质中气体相变超声波测试方法研究[J]. 西南石油学院学报，1999，21(3)：22-24.
[95] 杨仁树，朱晔，李永亮，等. 层状岩体中巷道底板应力分布规律及损伤破坏特征[J]. 中国矿业大学学报，2020，49(4)：615-626.
[96] 杨鑫. 承压水上开采底板注浆效果综合检验技术[J]. 工程勘察，2015，43(7)：91-95，98.
[97] 于景邨，刘志新，刘树才，等. 深部采场突水构造矿井瞬变电磁法探查理论及应用[J]. 煤炭学报，2007，32(8)：818-821.
[98] 于帅，武强，丁航航，等. 基于RFPA数值模拟的底板突水危险性评价[J]. 能源与环保，2018，40(11)：1-5.
[99] 于学馥，刘同有. 金川的充填机理与采矿理论[C]//第四届全国岩石力学与工程学术大会. 北京：中国科学技术出版社，1996.

[100] 张吉雄，缪协兴，郭广礼. 固体密实充填采煤方法与实践[M]. 北京：科学出版社，2015.

[101] 张吉雄，张强，巨峰，等. 深部煤炭资源采选充绿色化开采理论与技术[J]. 煤炭学报，2018，43(2)：377-389.

[102] 张杰，杨涛，索永录，等. 基于耦合评价的安山煤矿顶板突水预测模型研究[J]. 西安科技大学学报，2018，38(4)：569-576.

[103] 张杰，杨涛，王斌，等. 浅埋煤层沟谷径流下开采顶板突水预测分析[J]. 采矿与安全工程学报，2017，34(5)：868-875.

[104] 张金才，刘天泉. 煤层底板突水影响因素的分析与研究[J]. 煤矿开采，1993(4)：35-39.

[105] 张金才，肖奎仁. 煤层底板采动破坏特征研究[J]. 煤矿开采，1993(3)：44-49.

[106] 张强，武中亚，杜二宝，等. 充填采煤液压支架工作阻力设计方法研究[J]. 采矿与安全工程学报，2020，37(1)：118-127.

[107] 张强，张吉雄，王佳奇，等. 充填开采临界充实率理论研究与工程实践[J]. 煤炭学报，2017，42(12)：3081-3088.

[108] 张卫东，刘永军，任韶然，等. 水合物沉积层声波速度模型[J]. 中国石油大学学报(自然科学版)，2008，32(4)：60-63.

[109] 张文泉，王在勇，吴欣焘，等. 顶板离层水突涌模式及预防技术模拟研究[J]. 煤田地质与勘探，2021，49(1)：217-224.

[110] 张文泉，张译心. 多因素影响下断层活化的数值模拟[J]. 煤矿安全，2016，47(7)：223-226.

[111] 张文忠. 陷落柱突水三维大型模拟实验系统研制及应用[J]. 中国矿业大学学报，2016，45(1)：56-61.

[112] 张兆威，滑怀田. 基于主成分分析与 Fisher 判别法的底板突水预测研究[J]. 陕西煤炭，2018，37(2)：9-12，32.

[113] 赵宝峰. 工作面受顶板水害威胁程度的模糊综合评价[J]. 辽宁工程技术大学学报(自然科学版)，2018，37(1)：27-30.

[114] 赵春波. 承压水上开采底板力学破裂特征与突水危险性分析[D]. 青岛：山东科技大学，2019.

[115] 赵继忠，冯利民，陈舰艇，等. 承压水上开采工作面底板破坏深度相似模拟试验[J]. 煤矿安全，2015，46(6)：32-35.

[116] 赵庆彪，张建公，王海桥. 华北型煤田深部开采底板突水机理与区域治理关键技术[J]. 华北科技学院学报，2015，12(4)：1-7.

[117] 周华强,侯朝炯,孙希奎,等.固体废物膏体充填不迁村采煤[J].中国矿业大学学报,2004,33(2):154-158.

[118] 周明瑞,仲淑姮,徐忠忠.基于JME的工作面底板注浆三维模拟评价系统[J].煤矿安全,2015,46(11):97-99,103.

[119] 朱术云,姜振泉,姚普,等.采场底板岩层应力的解析法计算及应用[J].采矿与安全工程学报,2007,24(2):191-194.

[120] 邹友峰,邓喀中,马伟民.矿山开采沉陷工程[M].徐州:中国矿业大学出版社,2003.

[121] AL-MALKAWI G H, AL-AJLONY A B A, AL-SHBOUL K F, et al. New Monte-Carlo based simulation program suitable for low-energy ions irradiation in pure materials[J]. Nuclear engineering and technology, 2023,55(4):1287-1299.

[122] BU L, LI S C, SHI S S, et al. Application of the comprehensive forecast system for water-bearing structures in a karst tunnel: a case study[J]. Bulletin of engineering geology and the environment, 2019, 78(1): 357-373.

[123] CHANG Q L, GE S G, SHI X Y, et al. Determination of narrow coal pillar width and roadway surrounding rock support technology in gob driving roadway[J]. Sustainability, 2022, 14(8):4848.

[124] CHEN L W, FENG X Q, XU D Q, et al. Prediction of water inrush areas under an unconsolidated, confined aquifer: the application of multi-information superposition based on GIS and AHP in the Qidong coal mine, China[J]. Mine water and the environment, 2018, 37(4):786-795.

[125] DENG X J, ZHANG J X, KLEIN B, et al. Experimental characterization of the influence of solid components on the rheological and mechanical properties of cemented paste backfill[J]. International journal of mineral processing, 2017, 168:116-125.

[126] GÜLLÜ H, CEVIK A, AL-EZZI K M A, et al. On the rheology of using geopolymer for grouting: a comparative study with cement-based grout included fly ash and cold bonded fly ash[J]. Construction and building materials, 2019, 196:594-610.

[127] GUI H R, SONG X M, LIN M L. Water-inrush mechanism research mining above karst confined aquifer and applications in North China coalmines [J]. Arabian journal of geosciences, 2017, 10 (7):180.

[128] HUANG P H,HAN S M. Assessment by multivariate analysis of groundwater-surface water interactions in the Coal-mining Exploring District,China [J]. Earth sciences research journal,2016,20(1):1-8.

[129] JIANG D H,CHENG X Z,LUAN H J,et al. Experimental investigation on the law of grout diffusion in fractured porous rock mass and its application[J]. Processes,2018,6(10):191.

[130] KAMALAKANNAN S, THIRUNAVUKKARASU R, PILLAI R G, et al. Factors affecting the performance characteristics of cementitious grouts for post-tensioning applications [J]. Construction and building materials,2018,180:681-691.

[131] KATARINA V,GORDANA T,SVETLANA M D,et al.Oxidative stress and neuroinflammation should be both considered in the occurrence of fatigue and depression in multiple sclerosis[J]. Acta neurol belg,2020, 120(4):853-861.

[132] KOKHANCHIK P,SOLNYSHKOV D,STÖFERLE T,et al. Modulated rashba-dresselhaus spin-orbit coupling for topology control and analog simulations[J]. Physical review letters,2022,129(24):246801.

[133] LI M, ZHANG J X, HUANG P, et al. Mass ratio design based on compaction properties of backfill materials[J]. Journal of Central South University,2016,23(10):2669-2675.

[134] LI M,ZHANG J X,LI A L,et al. Reutilisation of coal gangue and fly ash as underground backfill materials for surface subsidence control [J]. Journal of cleaner production,2020,254:120113.

[135] LIU S L, LIU W T, HUO Z C, et al. Early warning information evolution characteristics of water inrush from floor in underground coal mining [J].Arabian journal of geosciences,2019,12(2):30.

[136] LIU W T,LI Q,ZHAO J Y,et al. Assessment of water inrush risk using the principal component logistic regression model in the Pandao coal mine,China[J]. Arabian journal of geosciences,2018,11(16):463.

[137] LI Z P,LI S C,LIU H J,et al. Experimental study on the reinforcement mechanism of segmented split grouting in a soft filling medium [J]. Processes,2018,6(8):131.

[138] MAO D Q, LIU Z B, WANG W K, et al. An application of hydraulic tomography to a deep coal mine: combining traditional pumping tests

with water inrush incidents[J]. Journal of hydrology,2018,567:1-11.

[139] PAUL A M, THAMILMARAN K, AWADHESH P, et al. Hidden strange nonchaotic dynamics in a non-autonomous model[J]. Chaos, solitons and fractals: the interdisciplinary journal of nonlinear science, and nonequilibrium and complex phenomena,2023,168:113101.

[140] QIAN M G,MIAO X X,LI L J. Mechanical behaviour of main floor for water inrush in longwall mining[J]. Journal of China University of Mining and Technology,1995,5(1):9-16.

[141] QIN Y,LU J. Prediction of coal mine water hazards: a case study from the Huainan Coalfield[J]. Arabian journal of geosciences,2019,12(3):83.

[142] SAOMOTO H,KIKKAWA N,MORIGUCHI S,et al. Round robin test on angle of repose: DEM simulation results collected from 16 groups around the world[J]. Soils and foundations,2023,63(1):101272.

[143] SHI X Y,ZHOU H Q,SUN X K,et al. Floor damage mechanism with cemented paste backfill mining method[J]. Arabian journal of geosciences, 2021,14(2):1-9.

[144] SUN Q,ZHANG J X,QI W Y,et al. Backfill mining alternatives and strategies for mitigating shallow coal mining hazards in the western mining area of China[J]. Quarterly journal of engineering geology and hydrogeology,2020,53(2):217-226.

[145] WANG Q B,ZHU Q K,SHAO T S,et al. The rheological test and application research of glass fiber cement slurry based on plugging mechanism of dynamic water grouting[J]. Construction and building materials,2018,189:119-130.

[146] WANG S,WANG J F,YUAN C P,et al. Development of the nano-composite cement: application in regulating grouting in complex ground conditions[J]. Journal of mountain science,2018,15(7):1572-1584.

[147] WU F H,LIU X X,QU G F,et al. Solidification and stabilization of harmful elements in antimony tailings and synergistic utilization of multiple solid wastes[J]. Cement and concrete composites,2022,133:104718.

[148] ZHAI J H,LIU D L,LI G,et al. Floor failure evolution mechanism for a fully mechanized longwall mining face above a confined aquifer[J]. Advances in civil engineering,2019,2019(1):1-11.

[149] ZHANG B L,MENG Z B. Experimental study on floor failure of coal

mining above confined water[J]. Arabian journal of geosciences,2019,12(4):114.

[150] ZHANG Q,ZHANG J X,HAN X L,et al. Theoretical research on mass ratio in solid backfill coal mining[J].Environmental earth sciences,2016,75(7):586.

[151] ZHOU N,YAN H,JIANG S Y,et al. Stability analysis of surrounding rock in paste backfill recovery of residual room pillars[J]. Sustainability,2019,11(2):478.